FORSCHUNGSBERICHT DES LANDES NORDRHEIN-WESTFALEN

Nr. 2642/Fachgruppe Bau/Steine/Erden

Herausgegeben im Auftrage des Ministerpräsidenten Heinz Kühn
vom Minister für Wissenschaft und Forschung Johannes Rau

Dr.-Ing. Hubert Frenking

Institut für Baumaschinen und Baubetrieb
der Rhein.-Westf. Techn. Hochschule Aachen

Untersuchungen über die Schneidkraftminderung an Schürfkübelschneiden durch Vibration

WESTDEUTSCHER VERLAG 1977

CIP-Kurztitelaufnahme der Deutschen Bibliothek

Frenking, Hubert
Untersuchungen über die Schneidkraftminderung an Schürfkübelschneiden durch Vibration. - 1. Aufl. - Opladen: Westdeutscher Verlag, 1977.
(Forschungsberichte des Landes Nordrhein-Westfalen; Nr. 2642 : Fachgruppe Bau, Steine, Erden)
ISBN 978-3-531-02642-8 ISBN 978-3-322-88377-3 (eBook)
DOI 10.1007/978-3-322-88377-3

Gesamtherstellung: Westdeutscher Verlag

ISBN 978-3-531-02642-8

Inhaltsverzeichnis

1. Aufgabe

Im Jahre 1966 wurde am Institut für Baumaschinen und Baubetrieb, Aachen, eine Forschungsarbeit über den Einfluß der Schwingungsanregung von Planierschilden auf die auftretenden Schneidkräfte abgeschlossen. Diese Arbeit hat einige bemerkenswerte Ergebnisse gebracht. Durch geeignete Auswahl der Schwingungsrichtung bei Verwenden kleiner Schwingamplituden ließen sich die Schneidkräfte unter gewissen Umständen um etwa 40 % senken. Die erreichte Schneidkraftminderung regte Überlegungen und praktische Versuche an, um zu klären, ob man nicht Planiergeräte mit größeren Arbeitswerkzeugen ausrüsten oder umgekehrt bei gleich großen Planierschilden mit kleineren Antriebsmotoren versehen kann.

Während bei der genannten Arbeit der Schneidvorgang unter mehr oder weniger freiem Abschälen des Bodens untersucht wurde, wird beim Schürfwagen der Spanabtrag durch zuvor gelöstes Material stark behindert. Der insgesamt zu überwindende Widerstand wird durch den eigentlichen Schneidvorgang und zusätzlich durch die Füllwiderstände im Kübel gebildet. Deshalb ist der Schürfkübel auch besonders auf widerstandsmindernde Maßnahmen angewiesen.

Bei Schürfwagen zielten die bisherigen Bemühungen darauf ab, den Füllwiderstand im Kübel zu vermindern, wobei auch gute Erfolge erzielt wurden. Eine Minderung der Kräfte, die durch das Schneiden des Bodens auftreten, könnte die Arbeitsverhältnisse vorteilhaft und ergänzend beeinflussen.

Auf Grund früherer Arbeiten liegen Resultate vor, die bei Planier- und Schürfkübelschneiden unter quasi statischen Verhältnissen den Schneidvorgang beschreiben, und bei Planierschilden weitergehend zusätzlich den Einfluß der Vibration aufzeigen. Die nunmehr durch diese Arbeit vorgelegten Untersuchungsergebnisse bezüglich des Vibrationseinflusses beim Schürfen sollen zur Kenntnis des Schneidvorgangs im Boden beitragen und die Möglichkeiten bieten, die Bereiche abzugrenzen, in denen eine praktische Anwendung der Vibration nützlich ist.

2. Stand der Forschung

Auf dem Gebiet der Landmaschinen gibt es einige Untersuchungen, die sich mit der Zugkraftminderung bei Pflugscharen durch Schwingungsanregung befassen. Wesentliche Arbeiten wurden von EGGEMÜLLER (1) durchgeführt. Eggemüller arbeitete an einzelnen Modellwerkzeugen und an schwingenden Pflugscharen, wobei die Untersuchungen bei unterschiedlichen Fahrgeschwindigkeiten, mit verschiedenen Frequenzen, mit verschiedenen Amplituden und bei unterschiedlicher Schwingungsrichtung der Werkzeuge durchgeführt wurden.

Eggemüller stellt fest, daß durch Schwingungsanregung der Werkzeuge die erforderliche Zugkraft vermindert wird; die Zugkraftverminderung ist nach Eggemüller proportional der Größe, die durch ein Verhältnis von Frequenz, Amplitude, Schwingungsrichtung zur Fahrgeschwindigkeit ausgedrückt ist.

Es konnten Zugkraftverminderungen von 70 bis 80 % erreicht werden, wobei die Gesamtantriebsleistung für die Vibration und für die verminderte Zugkraft größer war als die bei starrem Schild aufzubringende Leistung.

Ähnliche Versuche wurden durch Jack T. CUNN und V.N. TRAMONTINI (2) durchgeführt. Bei diesen Untersuchungen wurde ähnliches wie von Eggemüller festgestellt. Durch die Schwingungen wurde eine starke Zugkraftverminderung erreicht. Die Größe, von der die Zugkraftverminderung abhängt, wurde ähnlich formuliert wie bei Eggemüller. Im Bereich kleiner Zugkraftminderungen war eine Verminderung der Gesamtantriebsleistung festzustellen, im allgemeinen war deren Verminderung gering, bei großen Zugkraftverminderungen war sie etwa gleich der Antriebsleistung wie sie starre Pflugscharen benötigen.

Über das Schneiden von Böden mit ebenen Schneidschilden machte SCHKURENKO (3,4) Untersuchungen. Es wurden verschiedene Böden untersucht, wobei der Schneidschild jeweils unter 45° zur Horizontalen teils längs teils quer zur Fahrtrichtung angesetzt wurde. Das Ergebnis wurde durch ein Verhältnis zwischen den Schneidwiderständen bei starrem und bei vibrierendem Schild beschrieben.

Schkurenko stellt fest: Die Schneidkraft nimmt bei konstanter Frequenz mit der Schwingamplitude ab; die Schneidkraft nimmt mit wachsender Schwinggeschwindigkeit ab; die Auswirkung der Vibration vermindert sich mit wachsender Fahrgeschwindigkeit. Schkurenko versucht zu beweisen, daß die lineare Schwingungstheorie bei den Berechnungen der Schwingungen des schwingenden Schildes anwendbar ist. Dies kann allerdings nur unter sehr vereinfachenden Annahmen gelten. Zweifel an der Richtigkeit der Ansätze von Schkurenko äußert N. PANAJOTOPOULOS (5).

Einige Untersuchungen über den Einfluß von Schwingungen an Planierschilden machte auch G. DREES (6) innerhalb einer Arbeit, die sich grundsätzlich mit starren Schilden für Flachbagger und Planierraupen befaßte. Es wurden zwei Frequenzen bei verschiedenen Neigungen im Kleinmodell untersucht. Unter günstigen Konstellationen ergaben sich durch die Vibration Schneidkraftverminderungen von 17 %.

Sowohl Schkurenko als auch Drees machen keine Angaben über die gesamte Leistungsbilanz. Eine Aussage hierüber ist aber für die praktische Verwertung der Untersuchungsergebnisse von großer Bedeutung. Neben den Feststellungen über die Einzelabhängigkeiten setzt sich deshalb Panajotopoulos eingehend mit diesem Problem auseinander und versucht, seine Erkenntnisse beim praktischen Einsatz einer Planierraupe zu realisieren.
Eine Reihe von Arbeiten setzen sich mit den beim Schneiden von Böden auftretenden Widerständen auseinander, wobei der Schneidvorgang ohne Schwingungseinfluß betrachtet wird. Es wird versucht, sowohl durch theoretische Überlegungen als auch durch experimentelle Untersuchungen zu einer Berechnung der Schneidkräfte zu gelangen. Kennzeichnend für die Arbeiten ist, daß von einer Vielzahl von Variablen, die teils durch Bodeneigenschaften teils durch Gerätemerkmale bestimmt sind, ausgegangen wird. Die Verknüpfungen der Einflußgrößen sind bei den einzelnen Arbeiten ähnlich.

J. BRACH (7) versucht den Schneidwiderstand durch einen funktionalen Zusammenhang auszudrücken. N. DOMBROWSKI (8) gibt Berechnungsformeln für den Grabwiderstand beim Graben mit Baggern an. Gestützt auf die Arbeiten von Dombrowski entwickelt A. ANOCHIN (9) Formeln für die Berechnung des Grabwiderstandes bei verschiedenen Geräten.

Detaillierter setzt sich V. BALOWNEW (10) mit der Analyse der auftretenden Kräfte, der Ermittlung der Parameter für die Berechnung des Grabwiderstandes von Planierraupen und Schrappern auseinander.

Bei den zuletzt genannten Forschern wurde der Schneidvorgang von Böden mittels starrer Werkzeuge behandelt. Der Einfluß von Schwingungen auf die Scherfestigkeit von Sand und bindigem Boden wurde von MOGAMI und KUBO (11) untersucht. Die Ergebnisse zeigen eine starke Abnahme der Scherfestigkeit bei zunehmender Schwingbeschleunigung; eine klare Tendenz des Frequenzeinflusses ist nicht festzustellen.

Scherversuche unter Schwingungseinfluß machte I.A. SAWTSCHENKO (12). Die Ergebnisse zeigen, daß der innere Reibungsbeiwert bei wachsender Schwingamplitude und Beschleunigung abnimmt. Sawtschenko stellt auch fest, daß die Feuchtigkeit des Bodens und die Korngröße die Vibrationswirkung beeinflußt. Ähnliche Untersuchungen auf Tonböden haben N.H. PREOBRASCHENKI und I.A. SAWTSCHENKO (13) gemacht; hiernach nimmt der Scherwiderstand mit wachsender Amplitude und wachsender Frequenz ab.

Ausgehend von grundsätzlichen Versuchen über den Einfluß der Vibration auf den Scherwiderstand von Böden führt Panajotopoulos (5) eingehende Modellversuche mit Planierschilden durch. Bei unterschiedlichen Einstellungsdaten und verschiedenen Bodenverhältnissen werden eine Reihe von Zusammenhängen ermittelt. Die gewonnenen Erkenntnisse versucht Panajotopoulos an einer Planierraupe im praktischen Einsatz zu erklären.

Sicher muß davon ausgegangen werden, daß die Schwingungsanpassung zwischen einem schwingenden Werkzeug und dem Boden von erheblicher Bedeutung ist. Deshalb ist eine Betrachtung des Gesamtsystems Werkzeug und Boden von großer Bedeutung. In theoretischer Form und in allgemeinem Bezug auf Vibrationsmaschinen hat sich W. JURECKA (14) mit diesem schwierigen Problem befaßt. Um das Problem überhaupt mathematisch behandeln zu können, mußten vereinfachende normierte Randbedingungen eingeführt werden, die eine unmittelbare praktische Anwendung der Theorie erschweren. Die Bewegung von Bodenschichten vor einem schwingenden Schild, mit der sich E. SELIG und R. NELSON (15) befassen, ist von großem Einfluß auf das Schwingungsverhalten des Gesamtsystems. Weitere Kenntnis der Vorgänge, besonders in der Grenzschicht mit den dort auftretenden Unstetigkeiten, ermöglicht vielleicht einmal eine umfassende und praktisch zutreffende Beschreibung der Schneidvorgänge im Boden.

3. Versuchsaufbau

Die von verschiedenen Stellen durchgeführten Untersuchungen befassen sich im wesentlichen mit Planierschilden. Für eine allgemeine Anwendung beim Lösen von Böden findet sich keine gültige Beschreibung der Vorgänge. Die theoretischen Aussagen gehen von weitgehenden Vereinfachungen aus und experimentelle Arbeiten geben bisher nicht an, ob durch Schwingungsanregung der Schneidvorgang bei Schürfkübelschneiden in praktisch verwertbarer Weise erleichtert werden kann. Diese Frage soll durch experimentelle Untersuchungen geklärt werden, mit denen sich diese Arbeit befaßt und wozu ein entsprechender Versuchsaufbau erstellt wurde.

3.1. Die Versuchseinrichtung

Die Versuchseinrichtung war wegen des gewünschten unmittelbaren praktischen Bezugs so konzipiert, daß die Schneidvorgänge mit einer Schneidbreite von 3,5 m, wie sie bei Schürfkübelschneiden vorkommt, untersucht werden konnten. Hierzu wurde ein schweres Fahrgestell, welches auf Schienen fahrbar war, als Träger der weiteren Einrichtungen gebaut (vgl. Bild 1). In dieses Fahrgestell (7) war ein Hilfsrahmen (6) gelenkig eingehängt. Dieser Hilfsrahmen hatte also in den Gelenkpunkten (11) ein festes durch das Fahrgestell vorgegebenes Höhenniveau. Die andere Seite des Hilfsrahmens konnte gegenüber dem Fahrgestell abgesenkt oder angehoben werden. Hierzu dienten beidseits angeordnete Spindelantriebe. War ein bestimmtes Niveau erreicht, so wurde der Hilfsrahmen mittels einer Feststellvorrichtung (5) in dieser Lage gegenüber dem Fahrgestell fixiert. So kam eine definierte Schräglage des Hilfsrahmens zustande.

Im Hilfsrahmen war eine Rollenführung (9) befestigt, in der die Vibrationseinrichtung verschiebbar gelagert war. Die Vi-

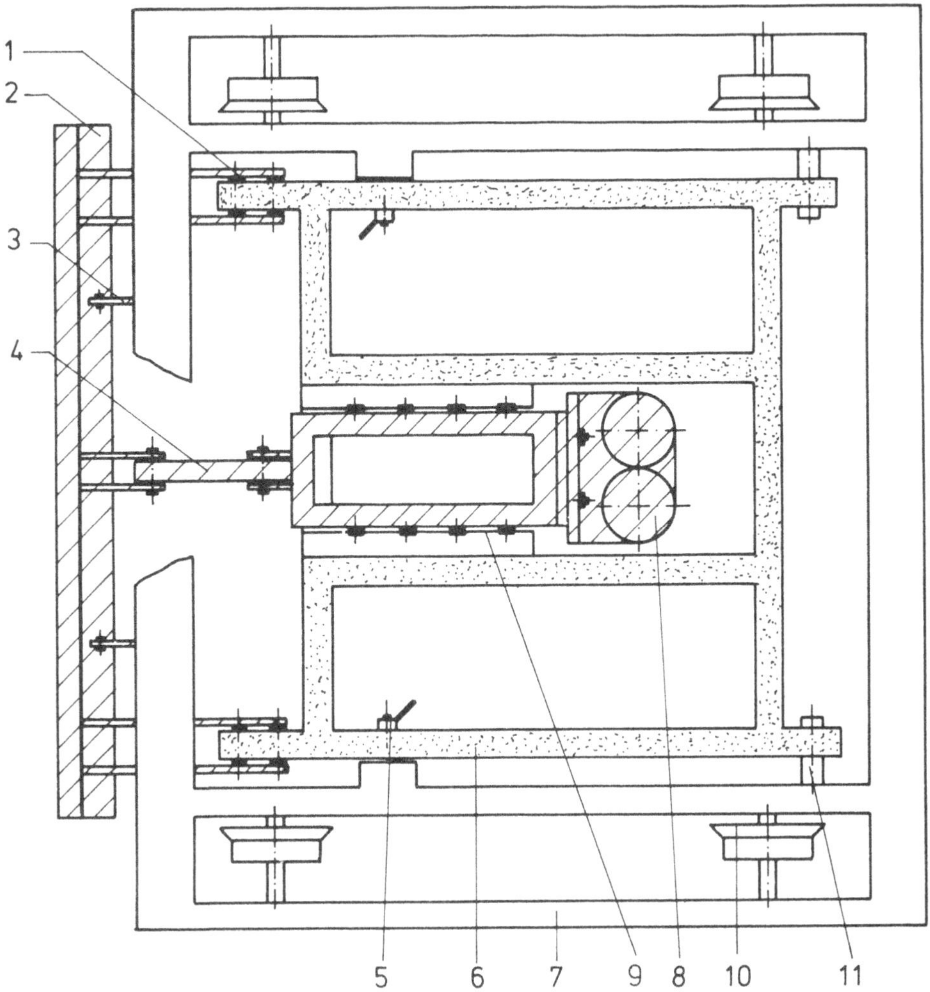

Bild 1

Versuchswagen (Draufsicht)

1. Schwingmetallelemente
2. Schneide (Breite 3500 mm)
3. Pendelführung
4. Schubstange
5. Feststellvorrichtung
6. Hilfsrahmen
7. Fahrgestell
8. Rüttler
9. Rollenführung
10. Laufräder
11. Gelenk

brationseinrichtung bestand aus dem in der Rollenführung parallel zur Hilfsrahmenlage beweglichen inneren Führungsstück, welches mit einem Rüttler (8) fest verbunden war. Der Rüttler bestand aus einem massiven Gehäuse, welches zwei Elektromotoren mit Unwuchten an den Wellenenden aufnahm. Der Drehsinn war gegenläufig und wurde durch Zahnräder zwangssynchronisiert. Auf diese Weise wurde eine gerichtete Schwingung in Richtung der freien Bewegungsmöglichkeitender Rollenführung erzeugt und durch die lang ausgeführte Rollenführung stabilisiert (Bild 2, S. 12).

Die Schneide (2) hing in Pendelführungen (3), die in ihrer Länge einstellbar waren (Bild 3, S. 12). Beidseits war die Schneide mit Führungsarmen versehen, die durch Schwingmetallelemente (1) mit dem Hilfsrahmen verbunden waren. Die Länge der Pendelführungen wurde so eingestellt, daß in unbelastetem Zustand der Schneide (kein Bodendruck) die Schwingmetallelemente entlastet waren. Die Pendelführung der Schneide war so lang, daß bei den vorkommenden Amplituden der Schneidenschwingung eine angenähert geradlinige Bewegung vorlag. Die Rückwirkungen des Bodens auf die Schneide, die zum Kippen der Schneide nach oben oder unten führen konnten, sollten durch die Schwingmetallbefestigung aufgenommen werden.

Mittels einer Schubstange (4) wurde die Schwingung von der Rütteleinrichtung auf die Schneide übertragen. Die Übertragung hatte zwei Gelenke. Die Einleitung der Schwingung in die Schubstange war durch die Neigung des Hilfsrahmens vorgegeben; sie konnte wegen der beiden Schubstangengelenke in die Grundrichtung der Bewegung der Schneide, die durch die Pendelführung in die horizontale Lage festlag, überführt werden.

Auf die beschriebene Weise lag ein Schwingungssystem vor, welches eine nach Größe und Richtung definierte Schwingungseinleitung hatte und der Schneidenschwingung ein bevorzugtes aber nicht ganz streng vorgegebenes Verhalten aufgab. Die drei wesentlichen Baugruppen sind in Bild 1 unterschiedlich angelegt. Sie bestehen aus dem Bezugssystem, gegeben durch das Fahrgestell, der Einstelleinrichtung (gepunktet dargestellt) und dem schwingenden System (schraffiert dargestellt). Der Versuchswagen wog 2200 kg und wurde beim Versuch mit zu-

Bild 2 Anbringung des Rüttlers

Bild 3 Aufhängung der Schneide (vor Einbau der Versteifung)

sätzlich 8000 kg balastiert. Der Rüttler hatte eine maximale (einstellbare) Fliehkraft von 36 kN bei 22 Hz.

Die Schneide (Bild 4) selbst hatte eine Länge von 3,5 m. Sie bestand aus einem vorn abgeschrägten Flachstahl (1), der durch ein aufgeschweißtes Stahlprofil (2) versteift wurde. Zur besseren Führung der gelösten Erde war das Stahlprofil durch ein Blech verkleidet, welches in Richtung der Schneidschräge auslief. Die Einzelheiten und die wesentlichen Maße sind aus Bild 2 ersichtlich. Eine aufgeschweißte Konsole diente zur Aufnahme der Beschleunigungsaufnehmer (Bild 3 und 4).

Es war nicht sicher vorauszusehen, in welcher Weise sich die Reaktionen des Bodens auf die Schneide auswirken würden. Aus diesem Grund wurden an der Schneide zwei Angriffspunkte für die Befestigung der Schubstange des Rüttlers vorgesehen. Der untere Angriffspunkt (6) war so angeordnet, daß durch die Krafteinteilung des Rüttlers eine nach oben gerichtete Komponente der Schneidenspitze entsteht. Der obere Angriffspunkt für die Schubstange (5) hatte eine entgegengesetzte Wirkung. Durch unterschiedliche Neigungen des Hilfsrahmens war diese Wirkung beeinflußbar. Da unterschiedliche Anstellwinkel der Schneide vorgesehen waren, sollte zudem durch die beiden Angriffspunkte eine Anpassung der Einleitung der Schwingung bezüglich der Richtung ermöglicht werden.

Die verschiedenen Kombinationen von Anstellwinkel und Anregungspunkt sind in Bild 5 aufgeführt. Die Schneidtiefe betrug bei allen Versuchen 7 cm. Während der ersten Versuchsreihe war die zuvor erwähnte Versteifung der Schneide durch das Stahlprofil noch nicht vorhanden. Als die zweite Versuchsreihe mit einem Anstellwinkel von 25^{0} in Angriff genommen werden sollte, zeigte sich sofort, daß der Versuch nicht durchführbar war, weil der Bodendruck die Schneide durchbog. Es wurde sodann die Versteifung eingebaut und bei den folgenden Versuchen beibehalten.

Der Versuchswagen fuhr auf fest montierten Schienen und wurde mittels einer Seilwinde gezogen. Die Absenkung der Schneide erfolgte durch den Hilfsrahmen, wodurch auch die Neigung der Schwingungsrichtung des Rüttlers vorgegeben war. Die Grundrich-

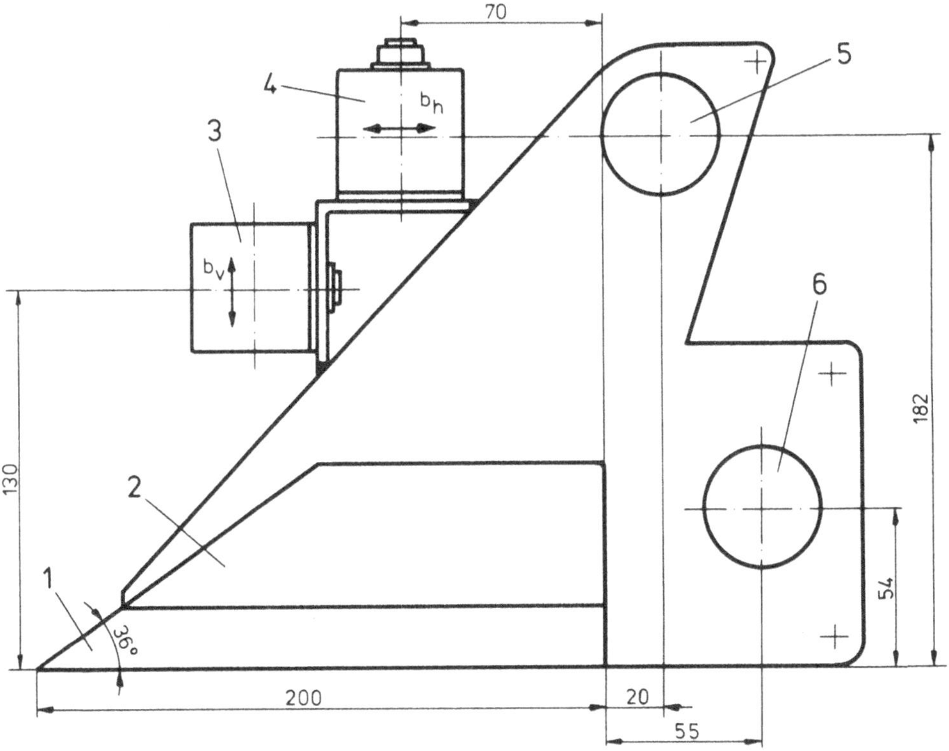

Bild 4: Schneide
Seitenansicht, wichtigste Maße, Anbringung der Beschleunigungsaufnehmer

1 Schneide aus 20 mm starkem Flachstahl

2 Versteifung aus aufgeschweißtem mit Blech verkleidetem U10 - Profilstahl

3 Vertikal - Beschleunigungsaufnehmer (a_v)

4 Horizontal - Beschleunigungsaufnehmer (a_h)

5 Oberer Angriffspunkt für die Schubstange } wahlweise

6 Unterer Angriffspunkt für die Schubstange }

Länge der Schneide: 3500 mm

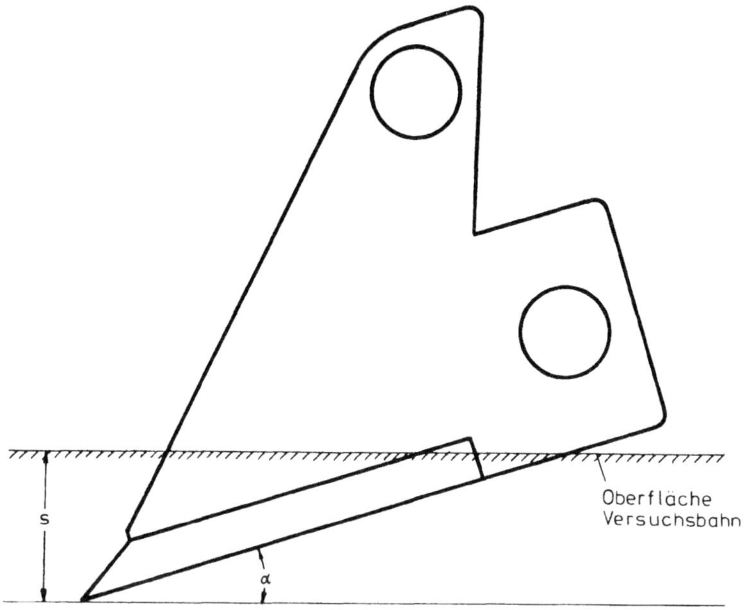

Bild 5: Anstellwinkel der Schneide

Einstellungen

Versuche 1 - 8	Anstellwinkel : α = 4°, "flach" Anregung: oben Versteifung durch U-Profil: nicht vorhanden
Versuche 9 - 16	Anstellwinkel: α = 25°, "steil" Anregung: unten Versteifung durch U-Profil
Versuche 17 - 20	Anstellwinkel: α = 4°, "flach" Anregung: unten Versteifung durch U-Profil
Versuche 21 - 22	Anstellwinkel: α = 4°, "flach" Anregung: oben Versteifung durch U-Profil
Schneidtiefe	Die Schneidtiefe s betrug bei allen Versuchen 7 cm.

tung der Schneidenschwingung war durch die Pendelführungen bestimmt, die so angebracht waren, daß die Schneide in einer horizontalen Ebene schwingen mußte. Damit nicht von Versuch zu Versuch wegen verändert unterschiedlicher Lage der Schwingungsrichtungen der Schneide und des Rüttlers veränderte Einleitungsrichtungen der Schwingung in die Schneide durch die Schubstange eintraten, war die Höhe des Bodenniveaus wichtig. Es wurde deshalb stets versucht, das eingebaute verdichtete Bodenplanum in einer bestimmten Höhe zu den Schienen zu halten. Dies gelang auch weitgehend, nur geringe Unterschiede wurden durch zusätzliches Anheben oder Absenken der Schneide mittels des Hilfsrahmens ausgeglichen.

Die Winde wurde durch einen Gleichstrommotor, der aus einem Leonard-Umformer gespeist wurde, angetrieben. Die Drehzahl und damit die Fahrgeschwindigkeit des Schneidwagens wurde kontrolliert, lastabhängige Schwankungen wurden ausgeregelt.

3.2. Versuchsbahnen und Versuchsböden

Die Versuchsbahn des Instituts für Baumaschinen und Baubetrieb bestand aus einer Betonwanne von 25 m Länge, 7,5 m Breite und 2 m Tiefe. Diese Bahn wurde durch eine Stahlkonstruktion mit Holzbohlenausfachung in Längsrichtung unterteilt. So standen zwei Bahnen mit einer nutzbaren Länge (Einsatzstück für den Versuchswagen und Auslaufstrecke abgerechnet) von 12 m zur Verfügung. An den Seiten der Bahn und auf der Längsunterteilung waren Schienen angebracht, auf denen der Versuchswagen, durch eine Seilwinde gezogen, fuhr.

Die Bahnen waren im unteren Teil mit Boden angefüllt, der gut verdichtet wurde. Im oberen Bereich standen 70 cm zur Aufnahme der Versuchsböden zur Verfügung. Die Schneidtiefe betrug bei allen Versuchen 7 cm; die gleichmäßig aufbereitete Schicht des Versuchsbodens hatte also gegenüber der Schnittiefe die 10-fache Stärke um sicherzugehen, daß keine Einflüsse aus

Schichten anderer Eigenschaften als denen der Versuchsschicht vorlagen. Die eigentliche, für die Untersuchung zur Verfügung stehende Versuchsstrecke, hatte demnach die Abmessungen von 12 m Länge, 3,7 m Breite und 0,7 m Tiefe.

Die Untersuchungen wurden mit zwei wesentlich voneinander verschiedenen Versuchsböden, die in je eine der beiden Versuchsbahnen eingebaut wurden, gemacht. Die Böden sollten einmal ein verbreitetes natürliches Vorkommen repräsentieren und zum anderen in ihren physikalischen Eigenschaften sehr verschieden sein. Es wurden Böden gewählt, die in einem Fall als "rollig", im anderen als "bindig" oder "plastisch" beschrieben werden können.

Ein Boden war ein Kies-Sandgemisch mit gut abgestufter Körnungslinie, damit eine gute Verdichtungsfähigkeit vorlag. Die Eigenschaften des Kiessandes (im Folgenden auch "Bodenart I" oder "Kies" genannt) sind durch die Proctor-Kurve nach Bild 6 und durch die Körnungslinie nach Bild 7 beschrieben.

Der zweite Versuchsboden war ein sandiger Schluff (im Folgenden auch "Bodenart II" oder "Lehm" genannt). Die Eigenschaften dieses Bodens sind durch die Proctor-Kurve nach Bild 8 und die Körnungslinie nach Bild 9 beschrieben.

Um miteinander vergleichbare Meßergebnisse zu erhalten, wurden die Kenndaten der Versuchsböden, wie Einbaudichte und Feuchtigkeitsgehalt von Versuch zu Versuch und über die Länge und Breite der Bahn hin möglichst konstant gehalten. Dies erforderte eine sorgfältige Aufbereitung der Böden vor jedem Versuch und einen definierten und kontrollierten Einbau in die Versuchsbahnen.

3.3. Die Meßeinrichtung

Die Meßstellen:
Die Aufgabe dieser Arbeit liegt in Untersuchungen zur Minderung

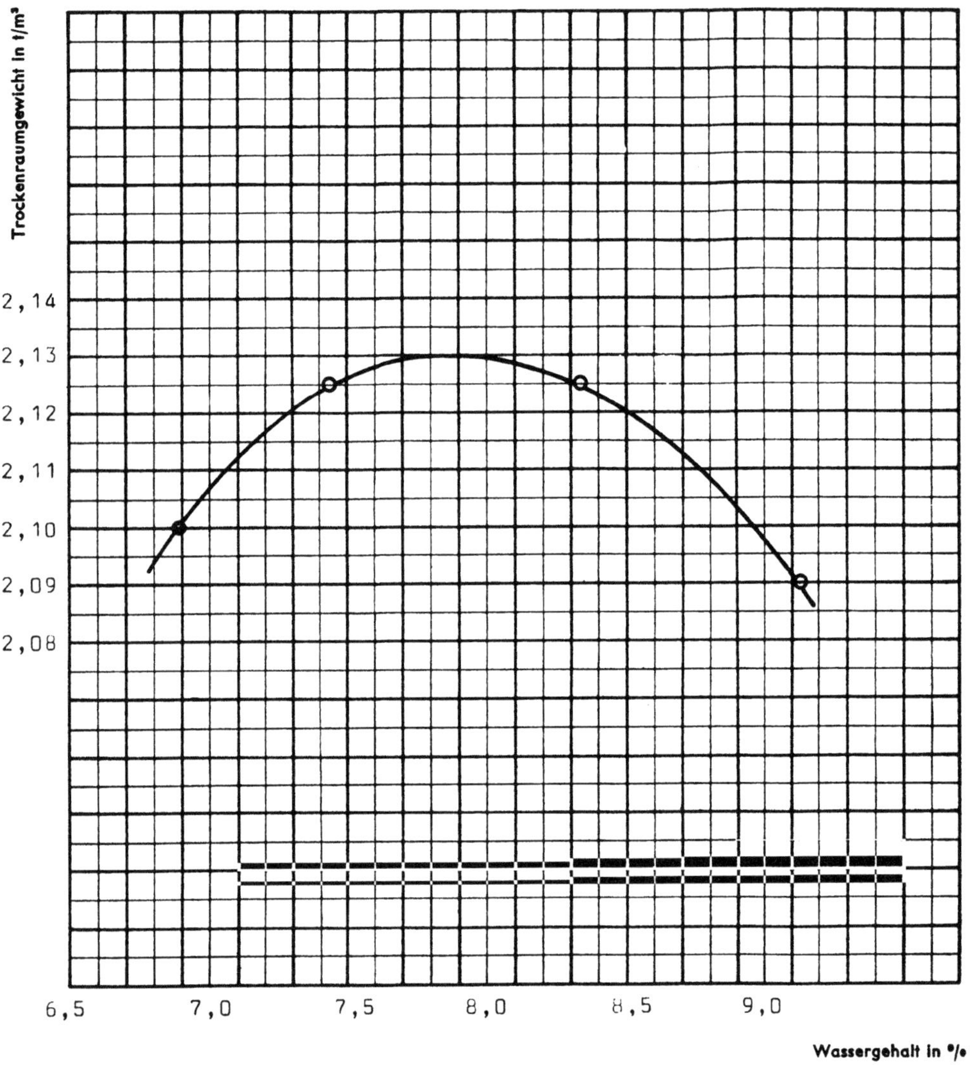

100% der Proctordichte: γ_p = 2,19 t/m³ **optimaler Wassergehalt:** w_p = 6,87 %

Bild 6 Proctorkurve

Bodenart I, Kiessand

$$\gamma_p = 2,13 \ t/m^3 \quad \text{bei } w_p = 7,9 \ \%$$

Überkorn: 13 %

$$\gamma_p' = \frac{100 \ . \ 2,13 \ . \ 2,65}{100 \ . \ 2,65 - 13 \ (2,65 - 2,13)} = \underline{\underline{2,19 \ t/m^3}}$$

$$w_p' = 7,875 \ (1 - \frac{13}{100}) = 6,87 \ \%$$

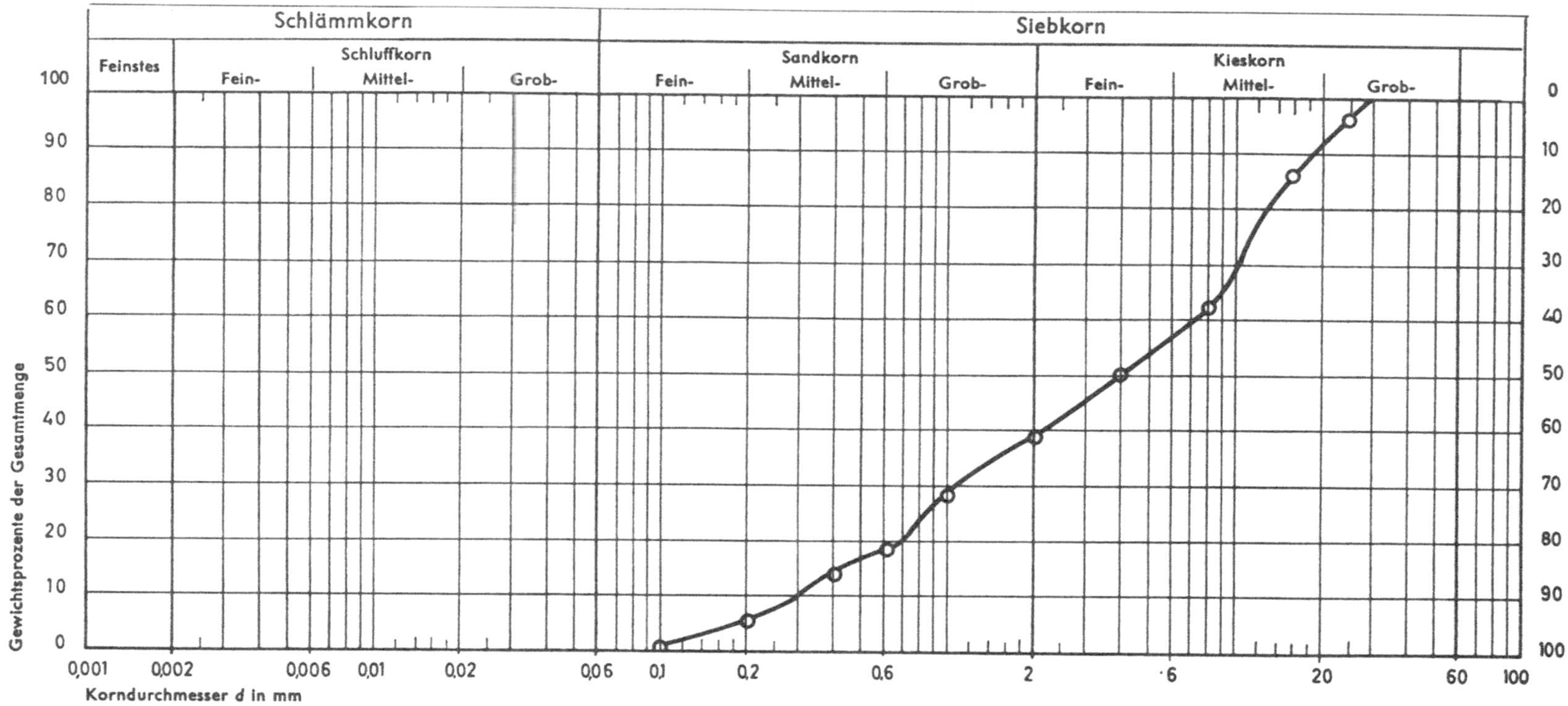

Bild 7

Körnungskurve

Bodenart I, Kiessand, Ungleichförmigkeitsgrad U = d 60/d 10 = 20,7

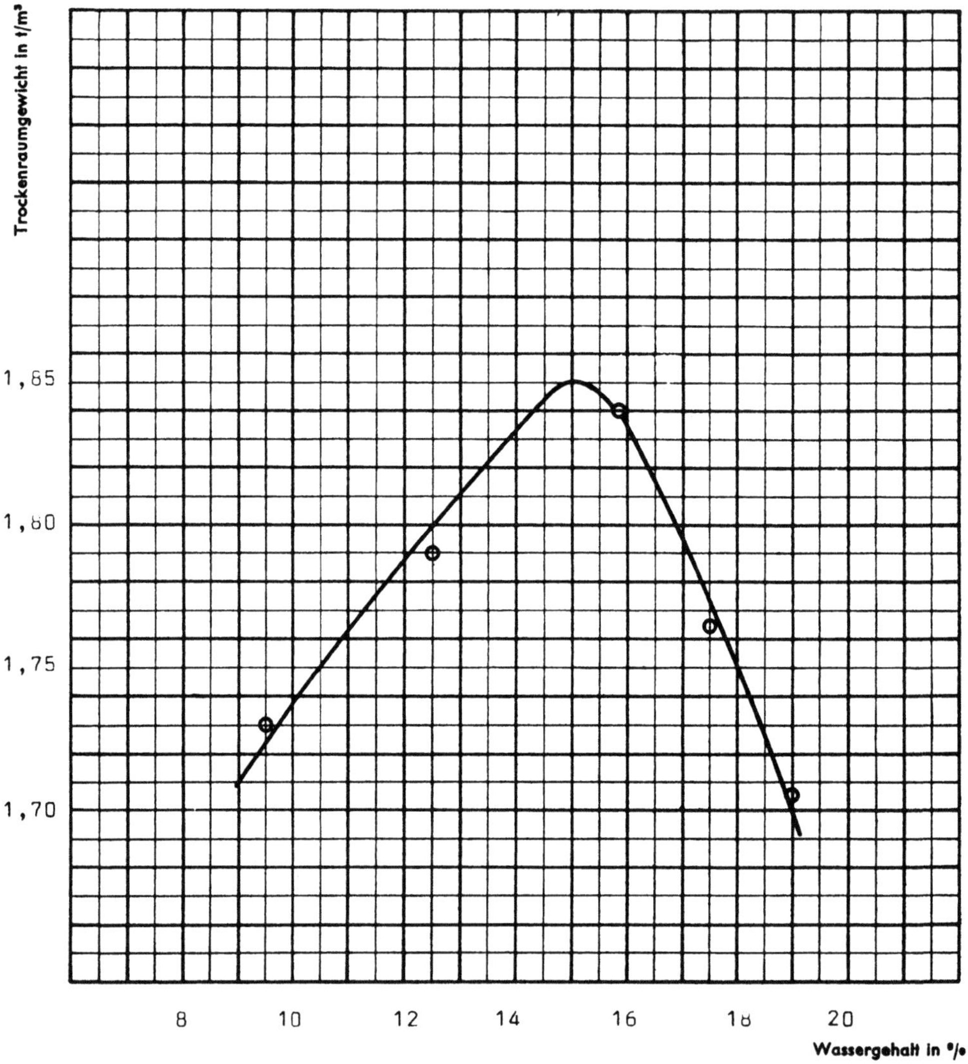

100 % der Proctordichte: γ_p = 1,850 t/m³ — optimaler Wassergehalt: w_p = 15,0 %

97 % der Proctordichte: γ_f = 1,795 t/m³ — min./max. Wassergehalt: 12,3 , 17,0 %

Bild 8

Proctorkurve

Bodenart I, sandiger Schluff

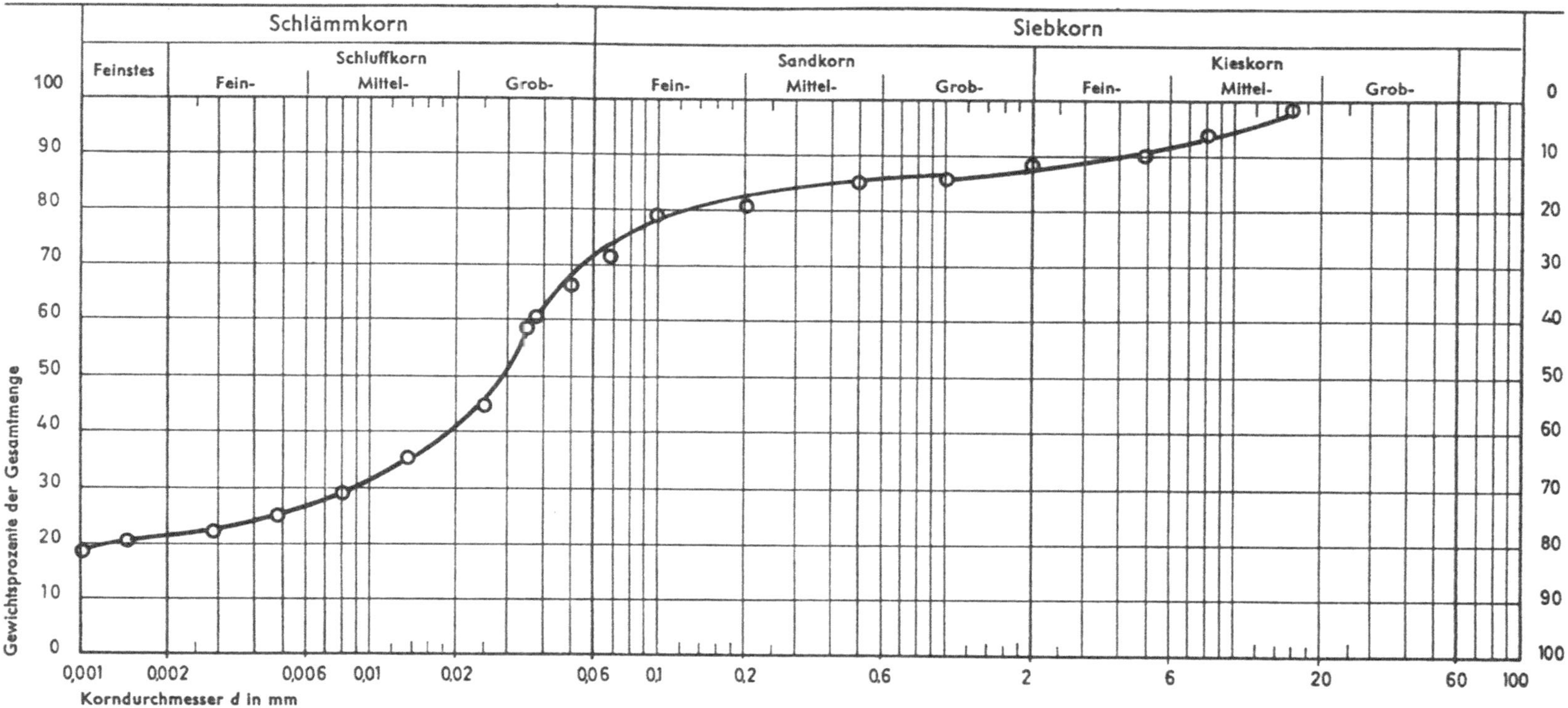

Bild 9

Körnungskurve

Bodenart II, sandiger Schluff

der Schneidkraft; deshalb muß die Schneidkraft während der Versuche sorgfältig gemessen werden, wobei möglichst alle Einflüsse auf die Schneidkraft gleichzeitig zu erfassen sind. Um dies zu ermöglichen, wurden an der Versuchseinrichtung Meßstellen eingerichtet; Bild 10 gibt die Lage dieser Meßstellen an.

Der Versuchswagen wurde von einer Winde mittels Seil gezogen. Da der Fahrwiderstand des Wagens gering war (schienenfahrbar bei guter Lagerung der Räder) und zudem die Zugrichtung gleich der Schneidrichtung war, konnte die Zugkraft der Schneidkraft direkt zugeordnet werden. Die Zugkraft und damit die Schneidkraft konnte deshalb mit einem zwischen Zugseil und Zughaken des Versuchswagens eingehängten Kraftelement (7) gemessen werden.

Zur Kontrolle der Meßergebnisse aus der Zugkraftmessung wurde die Antriebsleistung des Windenantriebs (16), aus der in Verbindung mit der Fahrgeschwindigkeit die Zugkraft errechnet werden kann, ermittelt. Die Messung der Antriebsleistung war auch zur Aufstellung der Leistungsbilanz notwendig, um eine wirtschaftliche Verwertung etwaiger positiver Ergebnisse abschätzen zu können.

Die Schwingbeschleunigung der Schneide wurde in zwei Richtungen gemessen, einmal horizontal (12) in der Hauptschwingrichtung der Schneide, zum anderen vertikal (11) rechtwinklig zur Hauptschwingungsrichtung. Bei einigen Versuchen wurde an weiteren Stellen der Schneide (9, 13) gemessen, um die Verteilung der Beschleunigungsamplituden über die Länge der Schneide festzustellen. Dies geschah durch Anbringen weiterer Beschleunigungsaufnehmer.

Die vom Rüttler über die Gelenk-Schubstange auf die Schneide übertragene Kraft wurde an der Schubstange gemessen (10), hierzu wurde die Schubstange selbst durch passende Dimensionierung

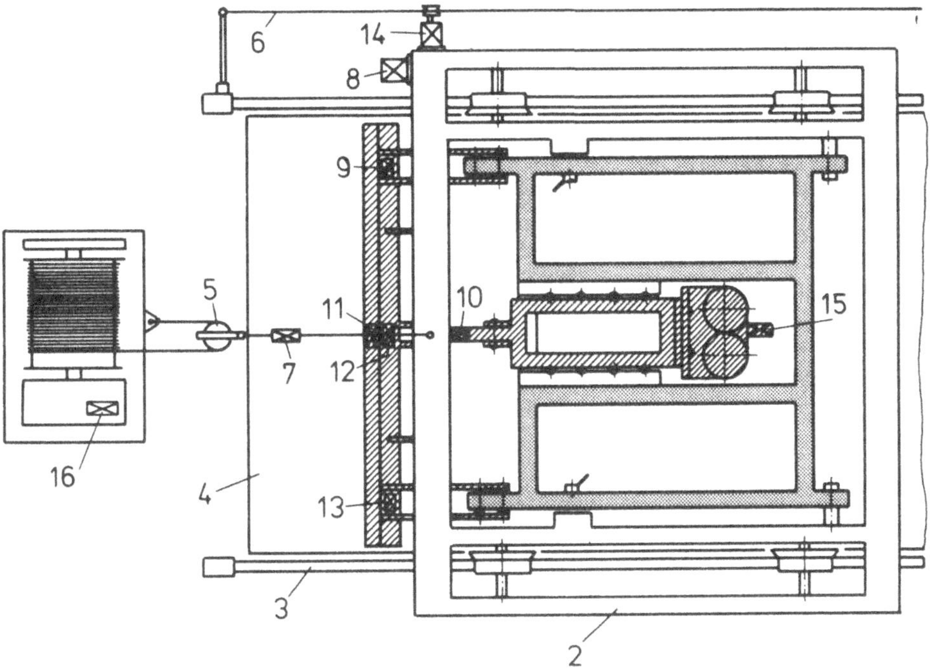

Bild 10: Lage der Meßstellen
⊠ Meßwertaufnehmer

1 Seilwinde
2 Versuchswagen
3 Schiene
4 Versuchsbahn
5 Umlenkrolle
6 Spannseil zum Antrieb des Fahrtgeschwindigkeitsmessers
7 Zugkraft: F_z
8 Schwinggeschwindigkeit: V_{rel}
9 Horizontalbeschleunigung der Schneide rechts: a_{hr}
10 Rüttelkraft: F_s
11 Vertikalbeschleunigung der Schneide: a_v
12 Horizontalbeschleunigung der Schneide Mitte: a_{hm}, a_h
13 Horizontalbeschleunigung der Schneide links: a_{hl}
14 Fahrtgeschwindigkeit: V_{oF}, V_{mF}
15 El. Leistungsaufnahme Rüttler: $P_{w\ vi}$, $P_{b\ vi}$
16 El. Leistungsaufnahme Windemotor: $P_{w\ wi}$

und Bekleben mit Dehnungsmeßstreifen als Meßelement ausgebildet.

Die Fahrgeschwindigkeit wurde grundsätzlich durch die einstellbare Drehzahl des Windenantriebs vorgegeben. Die Drehzahl wurde kontrolliert, belastungsbedingte Änderungen wurden ausgeregelt. Da dies wegen der durch die großen Massen bedingten erheblichen Trägheiten bei größeren Anforderungen an die Genauigkeit Schwierigkeiten machte, die Fahrgeschwindigkeit aber als wichtig anzusehen ist, wurde eine Meßeinrichtung angebracht, die die Fahrgeschwindigkeit zu messen gestattete. Diese Meßeinrichtung bestand aus einem neben der Versuchsbahn ausgespannten Seil (6), welches einen am Versuchswagen befestigten Tachogenerator (14) antrieb.

Trotz der sehr großen Masse des Versuchswagens (ca. 10.000 kg), führte auch dieser Schwingungen der Rüttelfrequenz mit geringer Amplitude aus, die mit Hilfe eines entsprechenden Meßaufnehmers (8) erfaßt wurden, um die absolute Größe der Schwingung der Schneide angeben zu können.

Für die Aufstellung der Leistungsbilanz ist die Leistungsaufnahme des Rüttlers zusammen mit der Antriebsleistung für die Fahrbewegung von Bedeutung. Für den Rüttler wurde die Leistung getrennt nach Wirkleistung und Blindleistung gemessen (15).

Während des Überfahrens der Bahn wurde das Passieren von Markierungen, die in 1 m Abstand angebracht waren, registriert.

Die elektrischen Meßgeräte:
Die Meßwertaufnehmer waren über Schleppkabel an die außerhalb der Bahn stehenden Meßgeräte angeschlossen. Sämtliche eingesetzten Meßwertaufnehmer lieferten der Meßgröße proportionale elektrische Ausgangssignale. Diese wurden, im allgemeinen nach entsprechender Verstärkung, auf mehreren Schreibern kontinuierlich registriert. Dabei wurde ein Teil der Meßsignale, deren Grundverlauf meist von Schwingungen überlagert war, zur verbesserten Darstellung gefiltert.

Zur Feststellung von Phasenverschiebungen wurden die Beschleunigungsverläufe zusätzlich auf Magnetband aufgezeichnet und später zeitgedehnt wiedergegeben.

Der Meßaufbau ist in Bild 11 als Blockschaltbild dargestellt; die benutzten Geräte sind in Tabelle 1 aufgeführt. Die dabei verwendeten Abkürzungen haben folgende Bedeutung (gleich der späteren Verwendung im Text):

a_h	Horizontalbeschleunigung der Schneide
a_v	Vertikalbeschleunigung der Schneide
F_s	Auf die Schubstange zwischen Vibrator und Schneide wirkende Kraft (Rüttelkraft)
F_z	Kraft im Zugseil (Zugkraft)
$V_{o.F.}$	Ungefilterter Verlauf der Geschwindigkeit des Zugwagens gegenüber der Prüfbahn
$V_{m.F.}$	Wie "$F_{o.F.}$", jedoch gefiltert
$V_{rel.}$	Lineare Schwinggeschwindigkeit in Fahrtrichtung zur Erfassung schneller von "$V_{o.F.}$" bzw. "$V_{m.F.}$" nicht angezeigten Geschwindigkeitsänderungen
$P_w\ v_i$	Vom Vibrator aufgenommene el. Wirkleistung
$P_b\ v_i$	Vom Vibrator aufgenommene el. Blindleistung
$P_w\ w_i$	Von der Zugwinde aufgenommene el. Wirkleistung
M	Wegmarken

Es kamen noch zwei Varianten des Meßaufbaus, die sich nicht wesentlich vom Aufbau nach Bild 11 unterschieden, zur Anwendung. Dies wurde notwendig, um zeitweise andere Größen, wie z.B. die Verteilung der Beschleunigungsamplituden über die Länge der Schneide messen zu können, wofür sonst wegen der bereits vollen Belegung der Registriergeräte keine Möglichkeit bestand. Da dies für das Untersuchungsergebnis im Sinne der Aufgabe unwesentlich ist, sei hierauf nicht näher eingegangen.

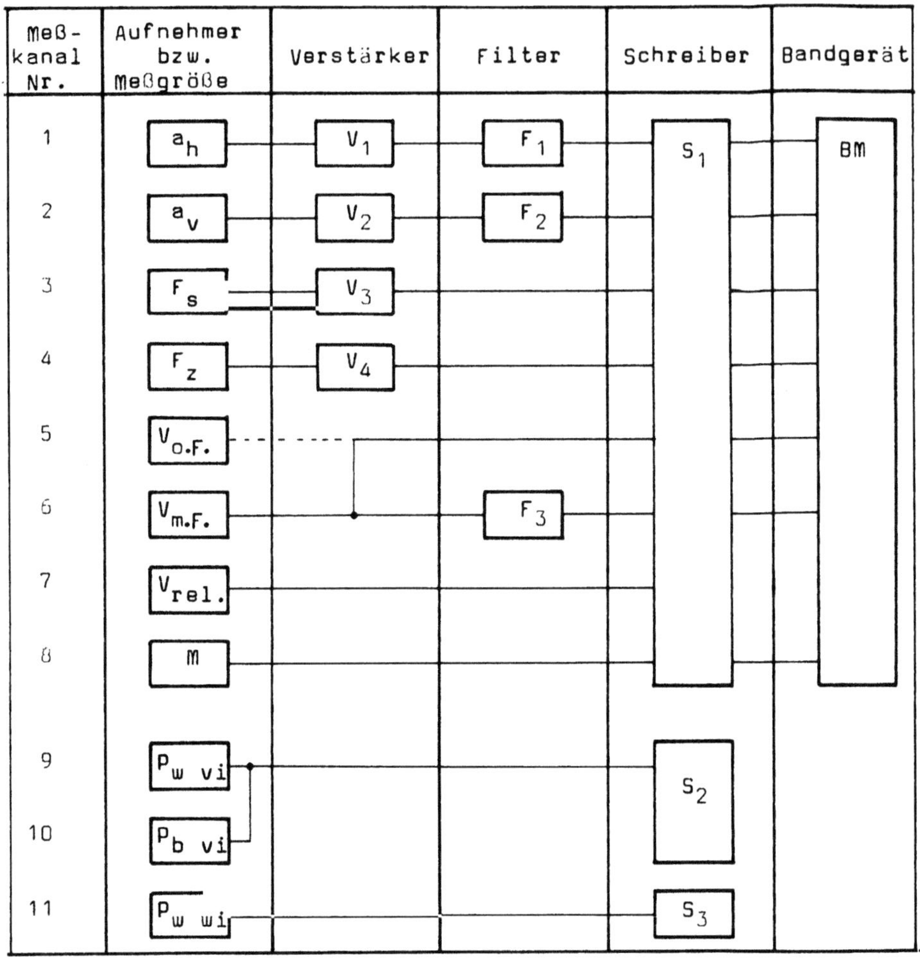

Bild 11

Meßaufbau, prinzipielle elektrische Verschaltung der Meßgeräte (siehe hierzu Tabelle 1, Seite 27)

Kanal	Meßwertaufnehmer	
1	a_h	: Beschleunigungsaufnehmer Hottinger Nr. 021 - 50 g
2	a_v	: Beschleunigungsaufnehmer Hottinger Nr. 022 - 50 g
3	F_s	: DMS - Vollbrücke, Eigenkonstruktion
4	F_z	: DMS - Halbbrücke, Eigenkonstruktion
5/6	$V_{o.F.}, V_{m.F.}$	: Tachogenerator
7	$V_{rel.}$	: Schwinggeschwindigkeitsaufnehmer CEC Typ 102 A
8	M	: Taster mit Batteriespannung
9/10	$P_{w\ vi}, P_{b\ vi}$	: Siemens Leistungsmeßkoffer LM 1
11	$P_{w\ wi}$	: Siemens Leistungsschreiber Typ K 12

Kanal	Verstärker		Filter
1	Brandau DD3	Nr. 7179	Barr & Stroud EF 2 Kanal 1
2	Brandau DD3	Nr. 7189	Barr & Stroud EF 2 Kanal 2
3	Brandau VD3-001	Nr. 645285 Kanal 1	-
4	Brandau VD3-001	Nr. 645285 Kanal 3	-
5/6	-		Tiefpaß 390 / 500 F
7	-		-
8	-		-

Kanal	Schreiber
1-8	Siemens Oszillomink 5
9/10	Siemens Leistungsmeßkoffer LM 1
11	Siemens Leistungsschreiber K 12
	Bandmaschine
1-6 u.8	Precision Instruments H 200 A

Tabelle 1 Die verwendeten Meßgeräte

Eine Ansicht der verwendeten elektrischen Meßeinrichtung zeigt Bild 12.

4. Versuchsdurchführung

4.1. Vorbereiten der Versuchsbahn

Um die Ergebnisse von Versuchen mit unterschiedlichen Schneideneinstellungen, Schwingungsformen der Schneide und Schwinggeschwindigkeiten vergleichen zu können, ist es zweckmäßig, die übrigen Versuchsparameter möglichst konstant zu halten. Deshalb mußte große Sorgfalt bereits beim Einbringen des Versuchsbodens in die Bahn und bei der nachfolgenden Verdichtung darauf verwendet werden, eine weitgehend ebene und zugleich horizontale Oberfläche bei gleichmäßiger Lagerungsdichte und bei konstantem Feuchtigkeitsgehalt zu erhalten. Die Bodenschicht, die zur Untersuchung dienen sollte, wurde deshalb lagenweise eingebracht und jeweils im Niveau abgezogen; dabei mußte darauf geachtet werden, daß nicht durch unterschiedliches Einbringen (z.B. örtlich aus größerer Fallhöhe) stellenweise unterschiedliche Ausgangsdichten entstanden. Die Verdichtung erfolgte mit einer Vibrationswalze die in sechs Übergängen, davon der erste Übergang statisch, d.h. ohne Vibration, ausgeführt wurde. Die erreichte Dichte des Versuchsbodens wurde durch Probenentnahme an neun über die Bahn verteilten Stellen mittels Ersatzverfahren, wie sie im Straßenbau üblich sind, kontrolliert. Aus den entnommenen Proben wurde durch Feststellen des Gewichtsverlustes nach Trocknung in einem Ofen auch der Feuchtigkeitsgehalt ermittelt.

Bei einigen Versuchen wurde parallel zu dieser Prüfung des Bodens mit einer Isotopensonde das Dichteprofil über die Länge und Breite der Bahn ermittelt.

Nach der Durchführung des Schneidversuches wurde die 70 cm starke Schicht des Prüfbodens ausgebaut und aufbereitet. Die

Bild 12 Elektr. Meßaufbau

Bild 13 Bahnoberfläche nach dem Schneiden

inzwischen eingetretenen Verluste an Wassergehalt durch Austrocknen wurden durch Aufsprühen definierter Wassermengen ersetzt. Der Boden wurde gut durchgemischt und erneut eingebaut.

4.2. Durchführung des Versuchs

Die Schneidtiefe wurde bei allen Versuchen auf 7 cm eingestellt. Die Einstellung der Schneide war bezüglich Anstellwinkel und bezüglich des Einleitungspunktes für die Rüttelkraft verschieden. Auch die Fahrgeschwindigkeit wurde unterschiedlich gewählt. Der Versuchswagen wurde mittels einer elektrisch betriebenen Seilwinde über die Bahn gezogen. Das Anfahren sowie der erste Teil des Schneidvorgangs erfolgten bei eingeschalteter Vibration. Ohne Fahrtunterbrechung wurde etwa in Bahnmitte der Rüttler ausgeschaltet und die Fahrt ohne Rütteln bis zum Bahnende fortgesetzt. Hierdurch sollten besonders gut vergleichbare Resultate, die mit und ohne Einwirkung von Vibration zustande kamen, erreicht werden, indem jedes dieser Versuchspaare auf Bahnabschnitten ausgeführt wurde, deren Boden gemeinsam aufbereitet, gemeinsam eingebaut und gemeinsam verdichtet worden war. Die Schneidgeschwindigkeit wurde durch manuelles Nachregeln der Drehzahl des Windenmotors möglichst konstant gehalten.

Um Aussagen über die Verhältnisse im ersten Anfahrmoment, bei dem die Fahrgeschwindigkeit fast gleich 0 ist, zu erhalten, wurden Anfahrversuche gemacht. Hierbei wurde der Versuchswagen durch eine Handwinde gezogen. Dieser Betriebspunkt ist auch für die Praxis von Bedeutung, bei der das Festfahren oder Lösen festsitzender Schürfkübelschneiden die größten Schwierigkeiten macht.

5. Versuchsergebnisse

5.1. Meßschriebe

Mit der beschriebenen Einrichtung wurde während der Gesamtzeit jedes Versuchs der zeitliche Verlauf der einzelnen Meßgrößen aufgezeichnet. Die Aufzeichnungen der Kräfte und Schwingungen sind unmittelbar nur schwer deutbar, weil durch gegenseitige Beeinflussung und Überlagerung große Schwankungen auftreten. Auch der Schneidvorgang selbst ruft große Schwankungen und Unregelmäßigkeiten hervor. Das Schneiden verläuft, bezogen auf kleine Zeitabschnitte, nicht wie ein kontinuierlicher Prozeß, sondern es kommt abhängig von der Art und Dichte des Bodens und abhängig von der Fahrgeschwindigkeit zum Aufbrechen kleinerer oder größerer Bodenabschnitte (siehe Bild 13, Seite 29), wodurch der Kraftschluß zwischen Schneide und Boden häufig verlorengeht oder sich ständig stark ändert. So kann eine nähere Aussage erst nach einer statistischen Analyse vorgenommen werden. Die unmittelbaren Aufzeichnungen weisen jedoch einige Merkmale auf, die einen Eindruck vom Verlauf der Kräfte und Schwingungen geben.

Als Beispiel sind in den nächsten Bildern die Meßschriebe dreier charakteristischer Versuche wiedergegeben. Die zahlenmäßigen Angaben und die daraus ermittelten Ergebnisse dieser Versuche enthält Tabelle 6, Seite 49.

Versuch Nr. 13:

Normaler zeitlicher Verlauf der Meßgrößen, wie er bei der Mehrzahl der durchgeführten Versuche auftrat (Bild 14 bis 19). Bei den Meßschrieben (Bild 14 bis 17) handelt es sich um Abschnitte der Gesamtaufzeichnung, die im ersten Teil den Anfahrvorgang, im zweiten den Bereich des Versuchs mit Rütteln, im dritten Abschnitt die Übergangsphase vom Versuchsteil mit Rütteln zu dem ohne Rütteln und im vierten Abschnitt den Versuchsteil ohne Rütteln umfassen. Alle Teile zusammen stellen eine lückenlose Gesamtaufzeichnung dar.

Versuch Nr. 14:

Sehr inkonstanter zeitlicher Verlauf der Meßgrößen, wie er durch Resonanzerscheinungen der Schneide - auch Schwingungen des Zugseils - hervorgerufen wurde (Bild 20 bis 22). Die Meßschriebe Bild 20 und 21 umfassen nur den Teil des Versuchs, der mit Vibration ausgeführt wurde.

Versuch Nr. 16:

Anfahrversuche mit Handwinde (Bild 23 bis 25). Bild 23 und 24 umfassen den Gesamtversuch, das Anfahren mit und ohne Einwirken der Vibration.

5.2. Statistische Auswertung der Meßschriebe

Die sehr wichtige Meßgröße Zugkraft hat, wie die meisten Meßgrößen, zeitlich einen sehr inkonstanten Verlauf. Dies wird durch wechselnde Widerstände beim "Schneiden" des Bodens ausgelöst. Es handelt sich nämlich nicht um einen Schneidvorgang im herkömmlichen Sinn, sondern der Boden bricht, unterschiedlich je nach seiner Art und nach dem Grad der Verdichtung, in mehr oder minder großen Stücken auf (vgl. Bild 13, S. 29). Hierdurch wird die Schneide immer wieder entlastet, bis sie an noch festem Boden neuen Widerstand findet. Dieser Vorgang ist bei gut verdichtetem kohäsiven Material ("Lehm") besonders deutlich. Mit der Entlastung der Schneide geht auch eine Entspannung der elastisch verformten Schneide, deren Aufhängung und besonders auch des Zugseils einher. Dies erfolgt in unregelmäßigen Abständen und in unterschiedlichem Maße; dadurch ist auch der Verlauf der Zugkraft entsprechend stark schwankend.

Um trotzdem eindeutige und untereinander vergleichbare Ergebnisse aus den Meßschrieben der einzelnen Versuche zu erhalten, wurden die zeitlichen Mittelwerte der Meßgrößen gebildet. Dazu wurden stichprobenartig in immer gleich kurzen Abständen (2 mm) Werte aus den Meßschrieben abgelesen und daraus der Mittelwert berechnet. Die ermittelten Werte sind in den Tabelle 2 bis 8, Seite 45 bis 51 angegeben.

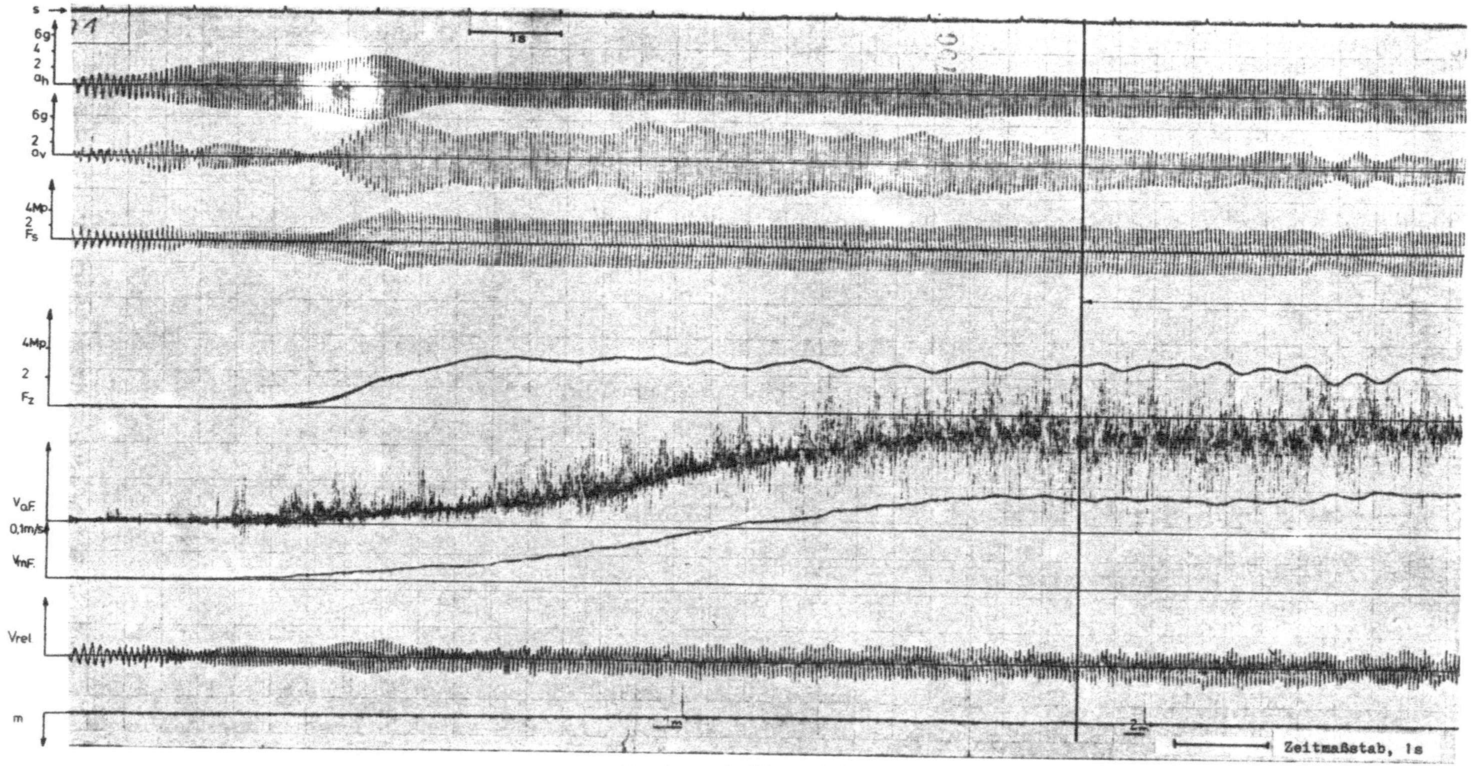

Bild 14

Versuch 13a (Anfahrbereich)

Bodenart II, Lehm

Sonstige Daten s. Tab. 6, S. 49

a_h = Horizontalbeschleunigung der Schneide

a_v = Vertikalbeschleunigung der Schneide

F_s = Rüttelkraft

F_z = Zugkraft

$V_{o.F.}$ = Fahrgeschwindigkeit (ungefiltert)

$V_{m.F.}$ = Fahrgeschwindigkeit (gefiltert)

$V_{rel.}$ = Schwinggeschwindigkeit des Versuchswagens

m = Wegmarken

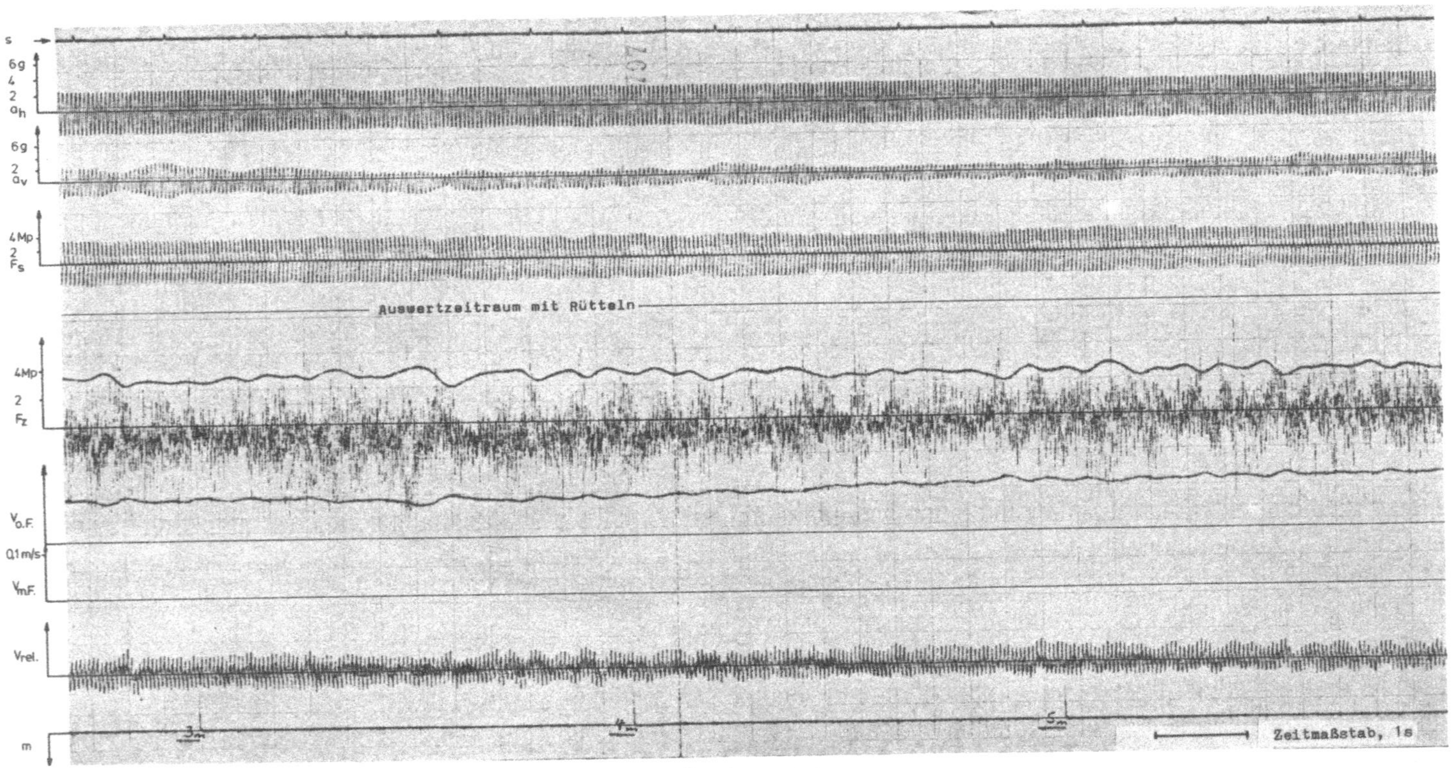

Bild 15

Versuch 13a (mit Vibration)

Bodenart II, Lem

Sonstige Daten s. Tab. 6, S. 49

a_h = Horizontalbeschleunigung der Schneide

a_v = Vertikalbeschleunigung der Schneide

F_s = Rüttelkraft

F_z = Zugkraft

$V_{o.F.}$ = Fahrgeschwindigkeit (ungefiltert)

$V_{m.F.}$ = Fahrgeschwindigkeit (gefiltert)

$V_{rel.}$ = Schwinggeschwindigkeit des Versuchswagens

m = Wegmarken

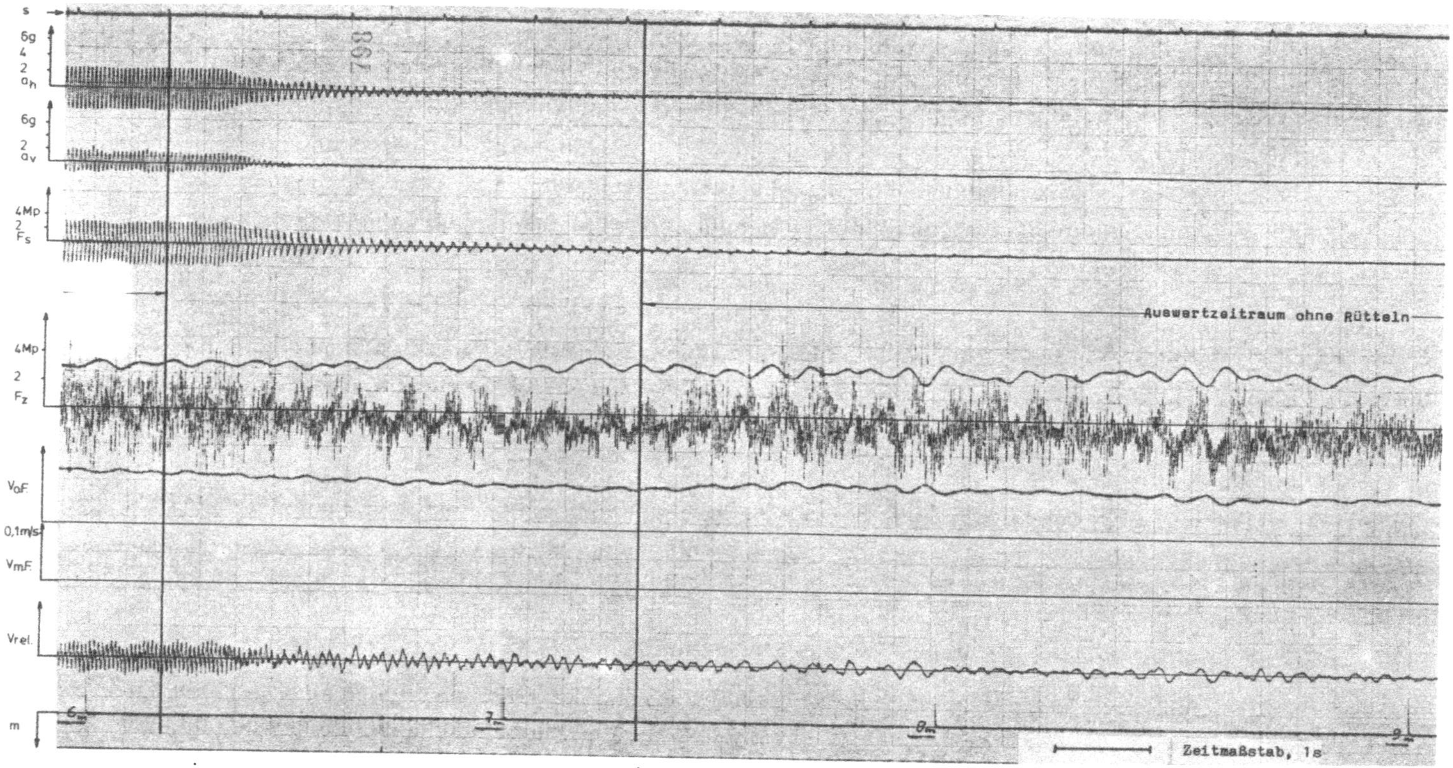

Bild 16

Versuch 13a/b (Übergangsbereich)

Bodenart II, Lehm

Sonstige Daten s. Tab. 6, S. 49

a_h = Horizontalbeschleunigung der Schneide

a_v = Vertikalbeschleunigung der Schneide

F_s = Rüttelkraft

F_z = Zugkraft

$V_{o.F.}$ = **Fahrgeschwindigkeit (ungefiltert)**

$V_{m.F.}$ = **Fahrgeschwindigkeit (gefiltert)**

$V_{rel.}$ = Schwinggeschwindigkeit des Versuchswagens

m = **Wegmarken**

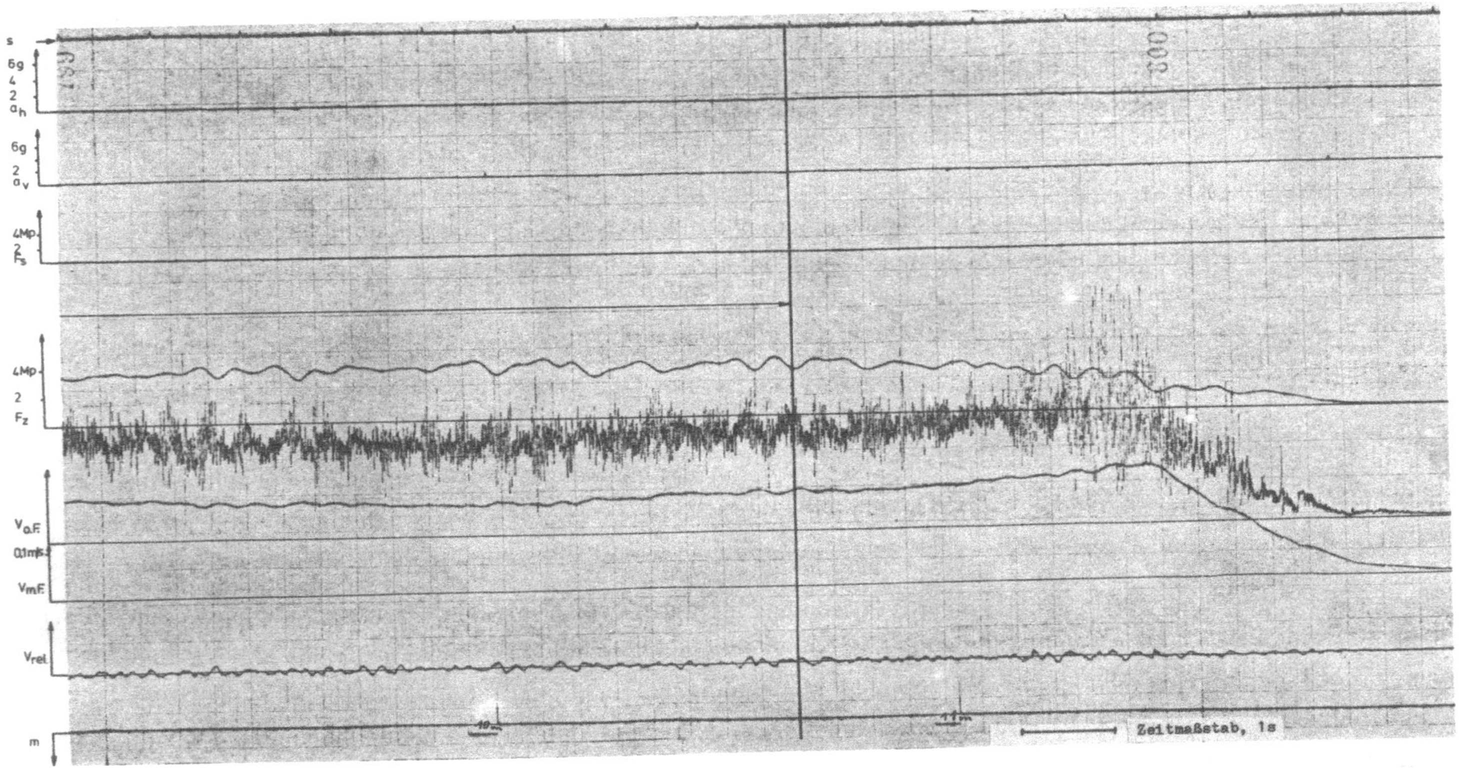

Bild 17

Versuch 13b (ohne Vibration)

Bodenart II, Lehm

Sonstige Daten s. Tab. 6 S.49

a_h = Horizontalbeschleunigung der Schneide

a_v = Vertikalbeschleunigung der Schneide

F_s = Rüttelkraft

F_z = Zugkraft

$V_{o.F.}$ = Fahrgeschwindigkeit (ungefiltert)

$V_{m.F.}$ = Fahrgeschwindigkeit (gefiltert)

$V_{rel.}$ = Schwinggeschwindigkeit des Versuchswagens

m = Wegmarken

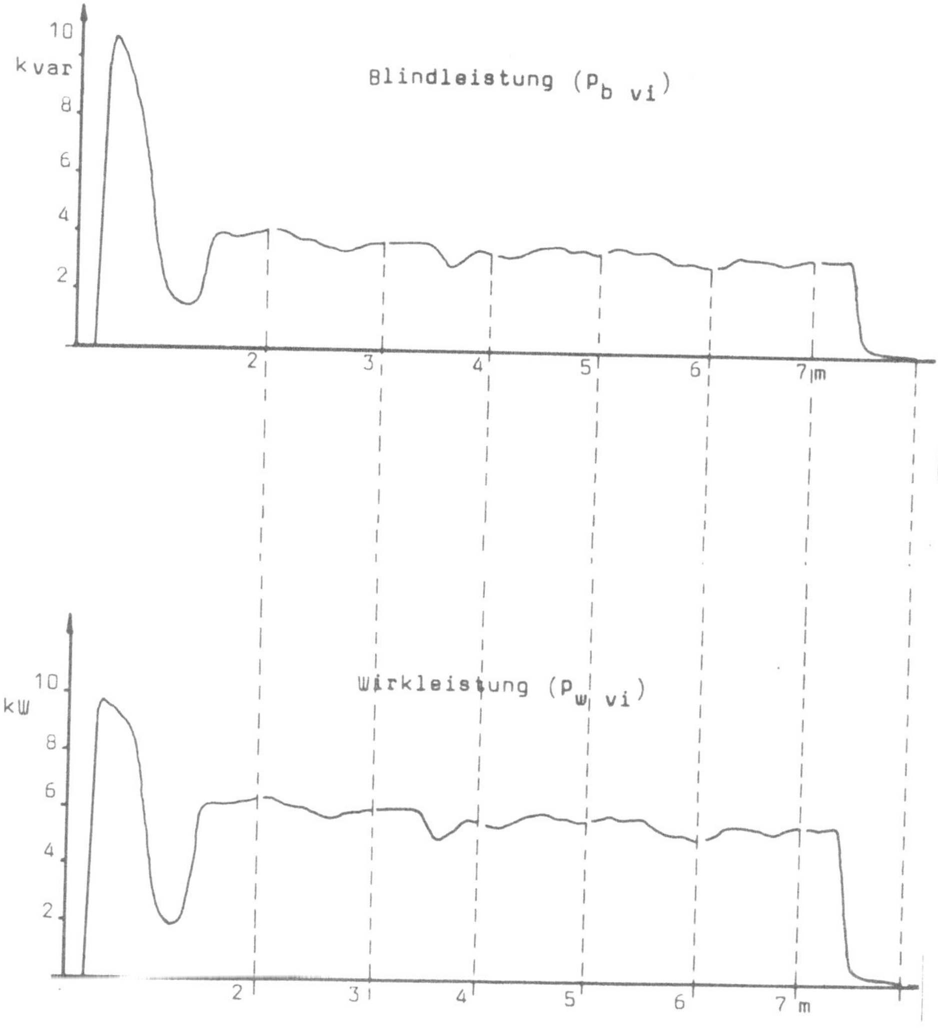

Bild 18

Elektrische Leistungsaufnahme des Rüttlers
beim Schürfvorgang

Versuch 13

Bodenart II, Lehm
Anstellwinkel der Schneide: steil
Anregung der Schneide : unten
sonstige Versuchsdaten siehe Seite 49, Versuch 13

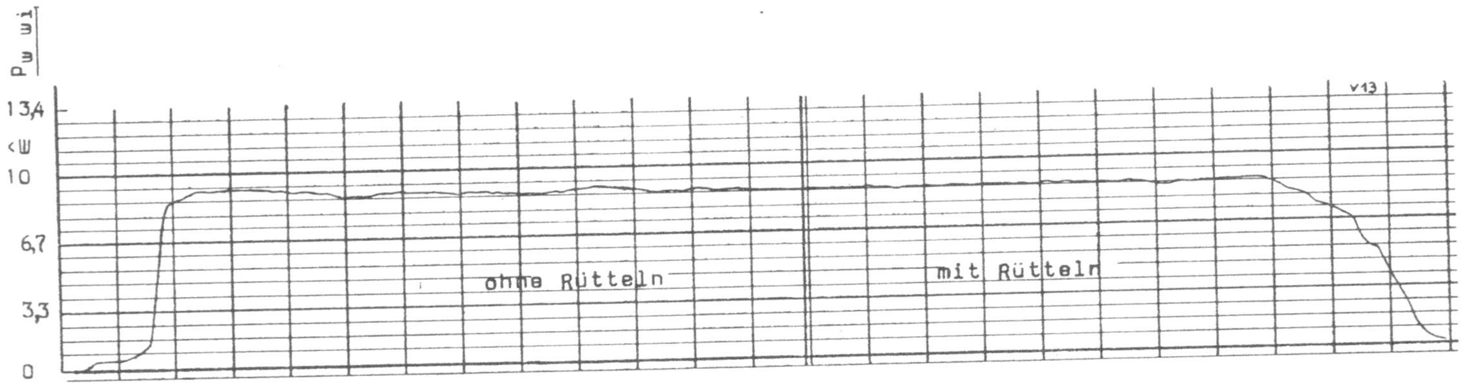

Bild 19

Elektrische Wirkleistungsaufnahme ($P_{w\ wi}$) des Windenmotors beim Schürfvorgang

Versuch 13

Bodenart II, Lehm
Anstellwinkel der Schneide: steil
Anregung der Schneide : unten
sonstige Versuchsdaten siehe Seite 49, Versuch 13

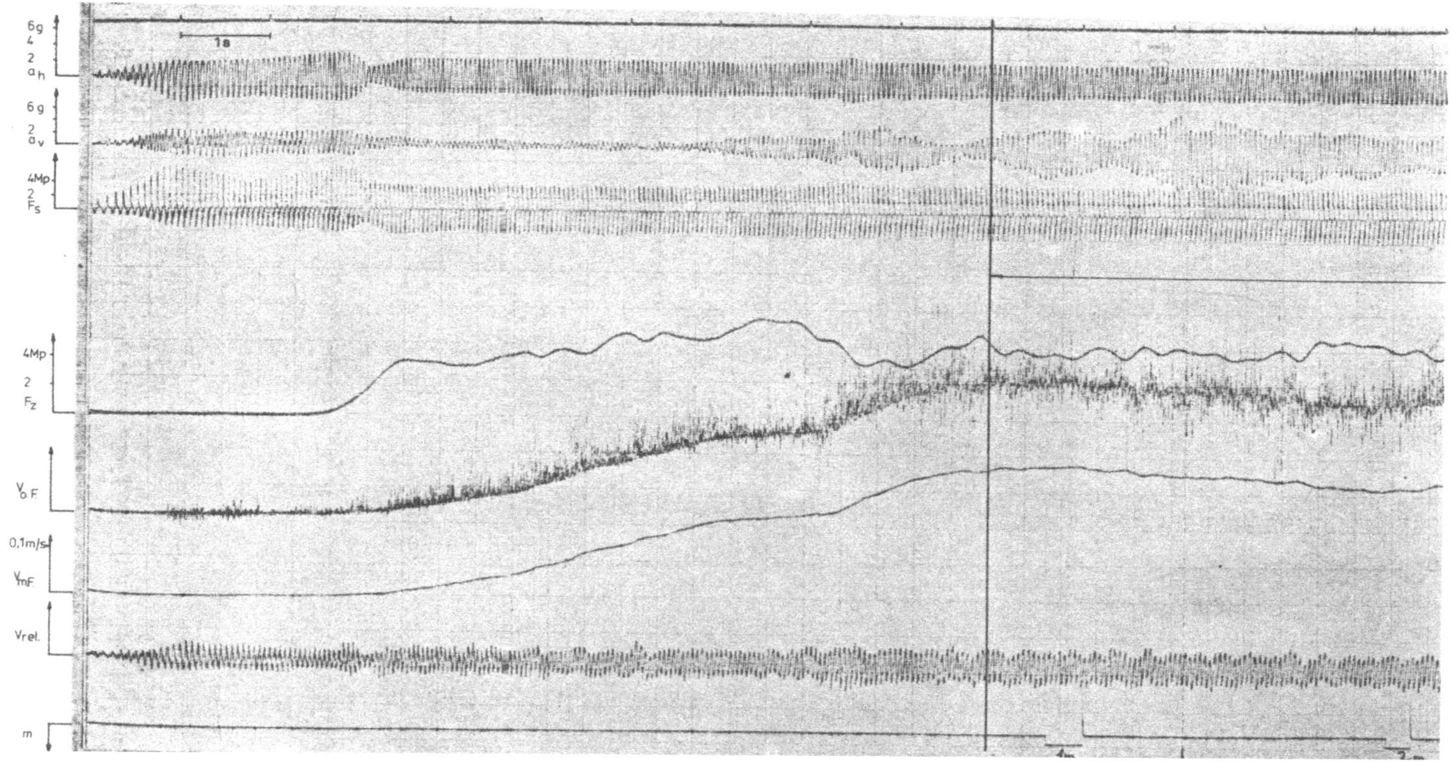

Bild 20

Versuch 14a (Anfahrbereich)

Bodenart II, Lehm

Sonstige Daten s. Tab. 6, S. 49

a_h = Horizontalbeschleunigung der Schneide

a_v = Vertikalbeschleunigung der Schneide

F_s = Rüttelkraft

F_z = Zugkraft

$V_{o.F.}$ = Fahrgeschwindigkeit (ungefiltert)

$V_{m.F.}$ = Fahrgeschwindigkeit (gefiltert)

$V_{rel.}$ = Schwinggeschwindigkeit des Versuchswagens

m = Wegmarken

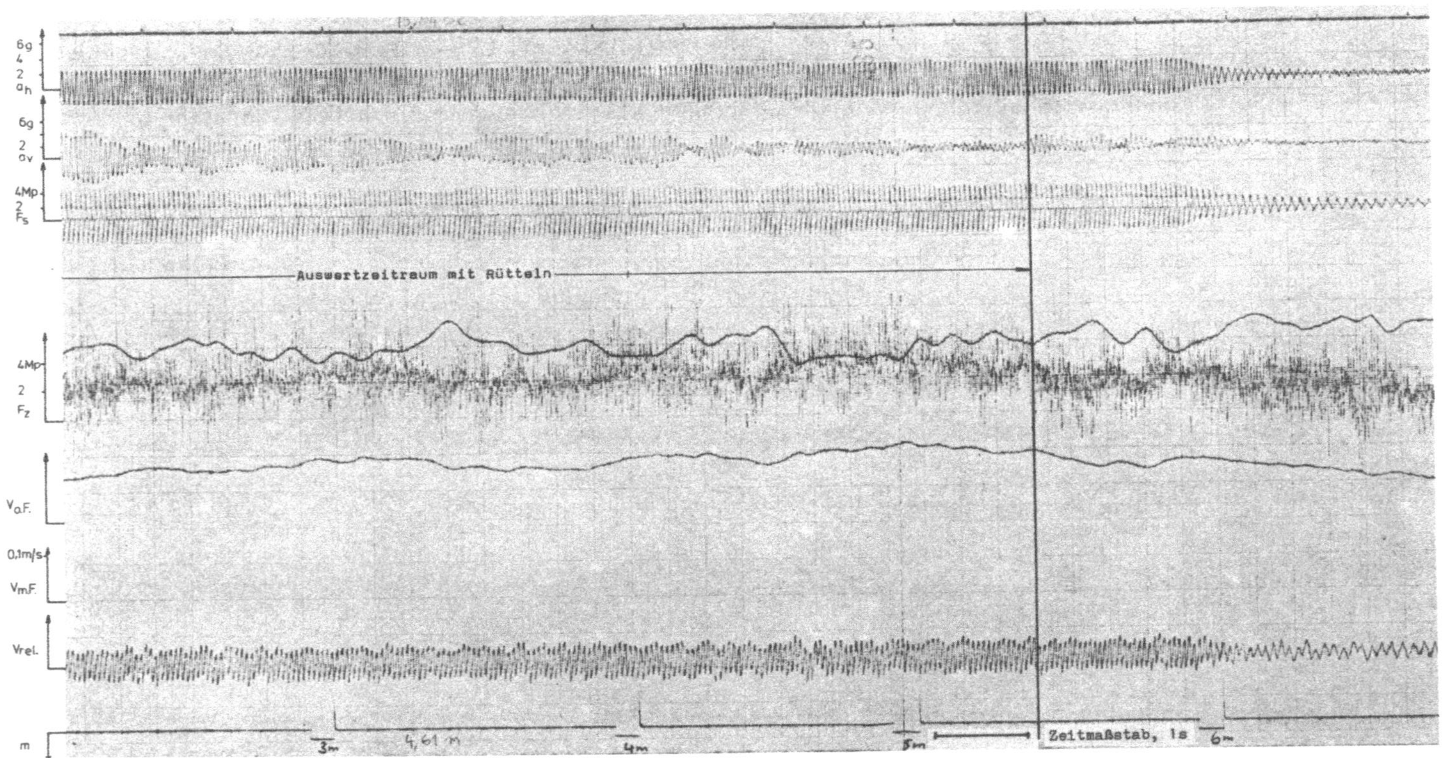

Bild 21

Versuch 14a (mit Vibration)

Bodenart II, Lehm

Sonstige Daten S. Tab. 6, S. 49

a_h = Horizontalbeschleunigung der Schneide

a_v = Vertikalbeschleunigung der Schneide

F_s = Rüttelkraft

F_z = Zugkraft

$V_{o.F.}$ = Fahrgeschwindigkeit (ungefiltert)

$V_{m.F.}$ = Fahrgeschwindigkeit (gefiltert)

$V_{rel.}$ = Schwinggeschwindigkeit des Versuchswagens

m = Wegmarken

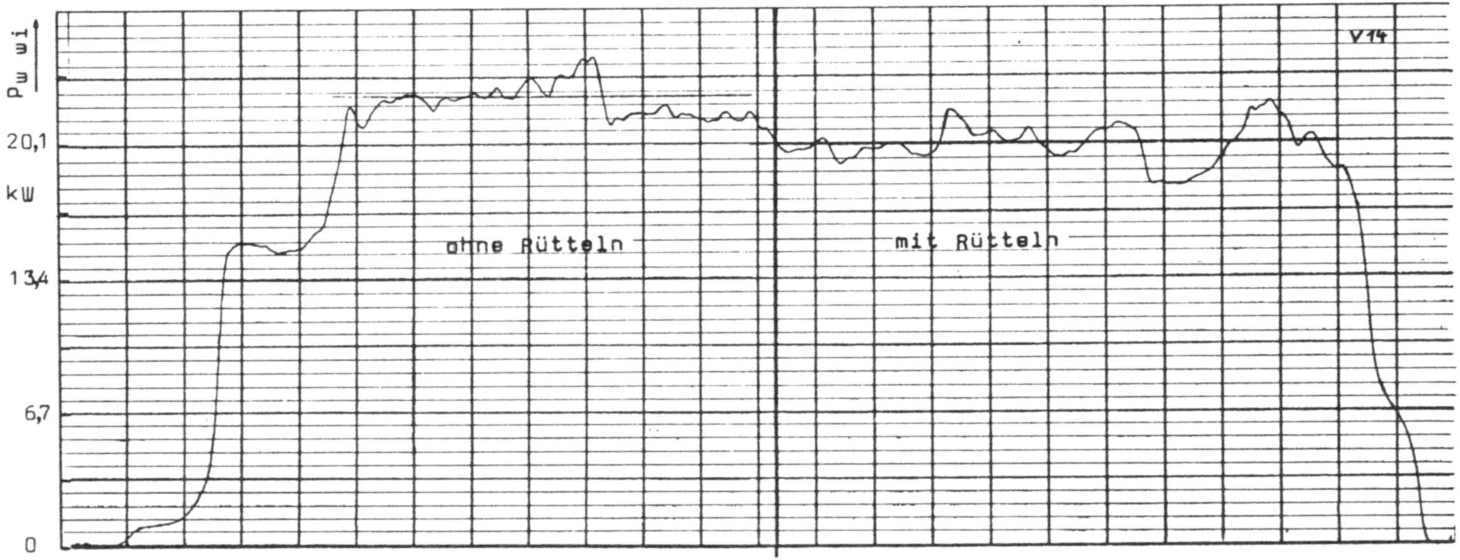

Bild 22

Elektrische Wirkleistungsaufnahme ($P_{w\ wi}$) des Windenmotors beim Schürfvorgang

Versuch 14

Bodenart II, Lehm
Anstellwinkel der Schneide: steil
Anregung der Schneide : unten
sonstige Versuchsdaten siehe Seite 49, Versuch 14

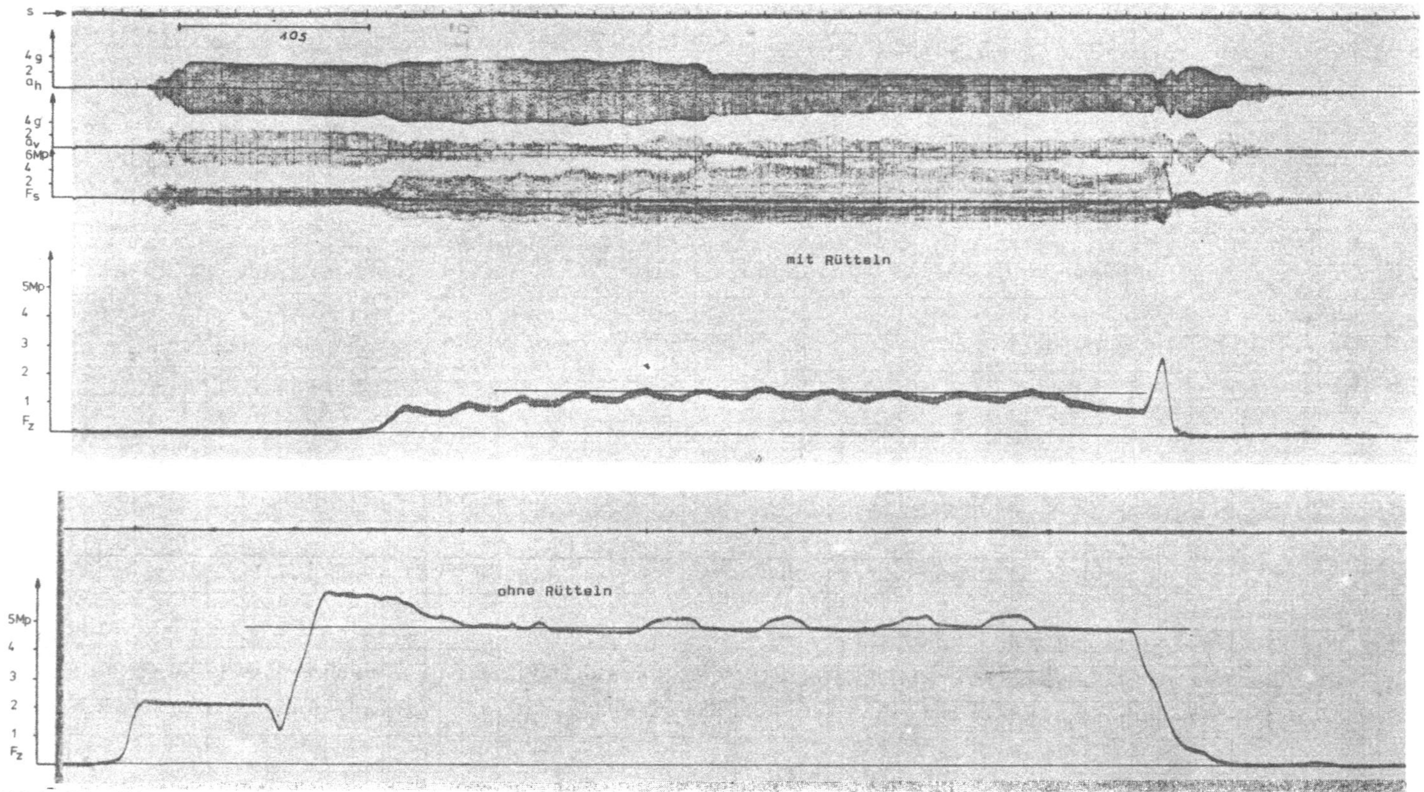

Bild 23 /24

Anfahren mit Handwinde

Versuch 16c mit Vibration (oben)

Versuch 16d ohne Vibration (unten)

Bodenart II, Lehm

Sonstige Daten s. Tab. 6/7, S. 49/50

a_h = Horizontalbschleunigung der Schneide

a_v = Vertikalbeschleunigung der Schneide

F_s = Rüttelkraft

F_z = Zugkraft

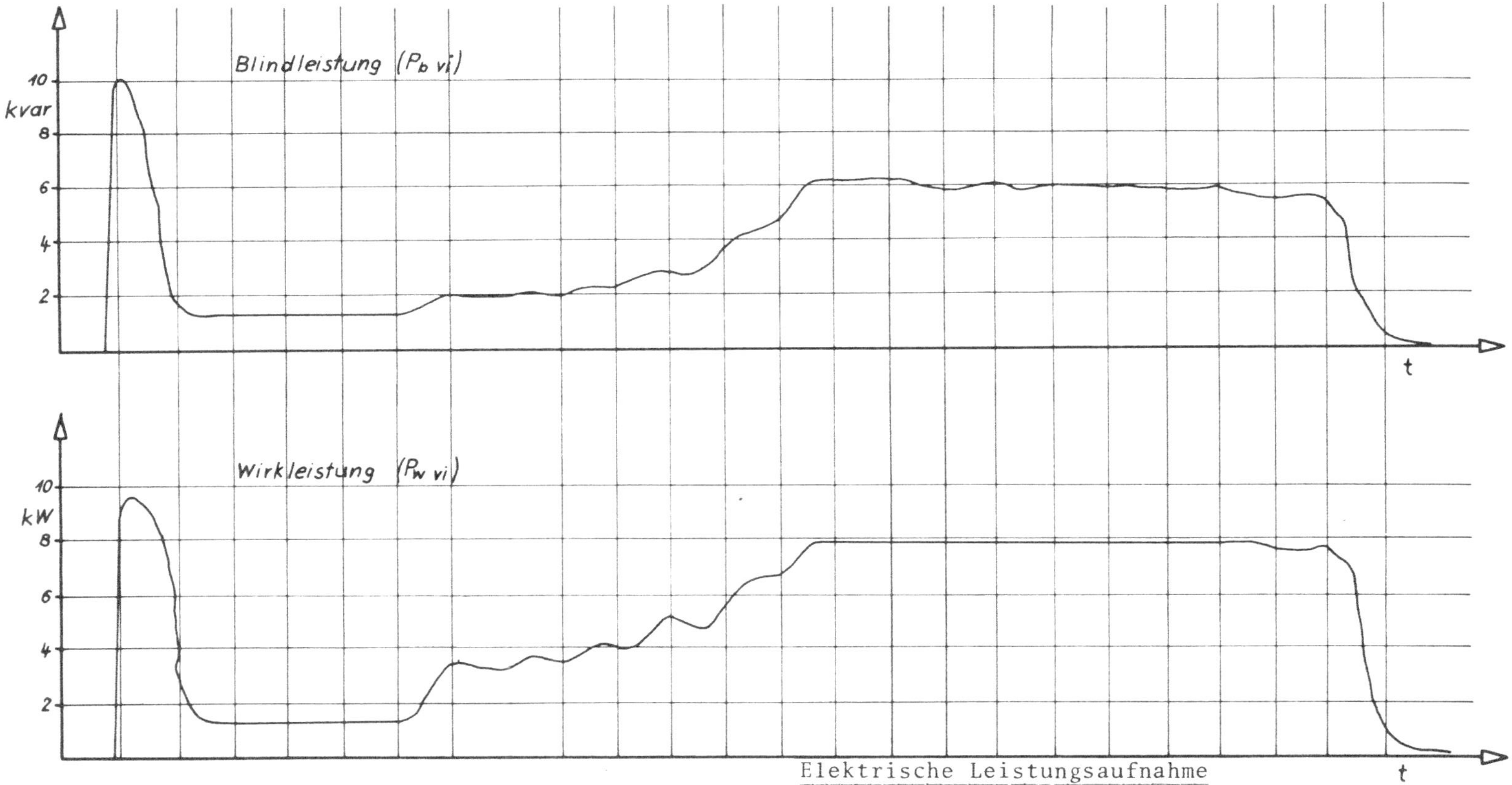

<u>Elektrische Leistungsaufnahme</u>
<u>des Rüttlers beim Schürfvorgang</u>
Versuch 16 c
Bodenart II, Lehm
Sontige Daten s. Tabelle 6, S. 49

<u>Bild 25</u>

Anfahrversuch mit Handwinde

Die Untergruppen der Versuche (a, b, ...) wurden gebildet, um einen besonders guten Vergleich bei Variation nur einiger Parameter zu ermöglichen. Hierzu mußte der Boden bezüglich der Einbaudichte und bezüglich der Feuchte möglichst gleiche Eigenschaften aufweisen. Dies wurde dadurch erreicht, daß gemeinsam aufbereiteter und vermischter Boden in die Versuchsabschnitte eingebaut und über die Abschnitte durchgehend verdichtet wurde. So konnten dann unter etwa gleichen Ausgangsbedingungen wichtige Parameter, wie die Fahrgeschwindigkeit untersucht werden. Vor allem wurde ein Vergleich der Kräfte, wie sie beim Schneiden des Bodens mit und ohne Vibration auftreten, erleichtert oder überhaupt erst möglich.

Trotz gleicher Ausgangsbedingungen traten beim Schneiden mit und ohne Vibration Rückwirkungen auf die Fahrgeschwindigkeit auf, die nicht ganz oder nicht schnell genug ausgeregelt werden konnten. Um nun doch, und zwar unter Berücksichtigung des Einflusses dieser unterschiedlichen Fahrgeschwindigkeiten zu einer Aussage über die Unterschiede bei der Zugkraft und damit auch über die Zugkraftminderung zu kommen - was eigentliche Aufgabe dieser Arbeit ist -, wurden für die Ermittlung der Angaben in den folgenden Tabellen die Werte für die Zugkräfte interpoliert, wie es unter 5.3. auf Seite 52 beschrieben ist.

Die Versuchs-Nummern 1 bis 11 umfassen die Versuche im Kiessand; die Versuchs-Nummern 12 bis 22 sind die im sandigen Schluff durchgeführten Untersuchungen. Die Schneidtiefe betrug bei allen Versuchen, ungeachtet der Bodenart, 7 cm.

Versuch Nr.		1a	1b	2a	2b	2c	3a	3b	3c
Trockenraumgewicht t/m^3				2,42	2,42	2,42	2,47	2,47	2,47
Feuchte / %				3,5	3,5	3,5	5,4	5,4	5,4
Rüttler		ein		ein	ein	ein	ein	ein	aus
Fahrgeschwindigkeit m/s		0,074		0,148	0,175	0,074	0,151	0,146	0,143
Schneide	Neigung	flach	flach	flach	flach	flach	flach	flach	flach
	Anregung	oben	oben	oben	oben	oben	oben	oben	oben
Zugkraft $F_z/10^4 N$	(F_z/Mp)	2,500		3,025	2,575	3,275	3,050	2,750	3,175
Zugkraftminderung durch Rütteln / %								14	
Rüttelkraft / $10^4 N$	(/Mp)	2,79		2,79	2,79	2,79	2,79	2,79	
Beschleunigung der Schneide	a_{hm}/g	7,4		7,4	7,5	7,4	7,0	2,79	
	a_v/g	1,6		1,5	1,7	1,5	1,5	1,5	
el. Leistungs-aufnahme des Rüttlers	P_w vi/kW	0,96		1,22	1,16	1,16	1,04	1,08	
	P_b vi/kvar	0,44		0,44	0,44	0,44	0,44	0,45	
Phasenverschiebung a_v vor a_h/rad		1,13	1,13	1,05	1,05	1,05	0,87	0,87	
Rüttelfrequenz /Hz		24,5		25,0	25,0	25,0	25,0	25,0	0

Tabelle 2

Versuch Nr.		3d	4a	4b	4c	5a	5b	6a	6b	6c
Trockenraumgewicht t/m^3		2,47	2,51	2,51	2,51	2,48	2,48	2,5	2,5	2,5
Feuchte / %		5,4	4,73	4,73	4,73	4,33	4,33	4,62	4,62	4,62
Rüttler		ein	ein	ein	aus	ein	ein	ein	aus	aus
Fahrgeschwindigkeit m/s		0,146	0,252	0,276	0,257	0,228	0,228	0,422	0,454	0
Schneide	Neigung	flach	flach	flach	flach	flach	flach	flach	flach	flach
	Anregung	oben	oben	oben	oben	oben	oben	oben	oben	oben
Zugkraft $F_z/10^4 N$ (F_z/Mp)		3,0	3,575	3,825	3,425	3,9	4,375	5,15	5,275	7,175
Zugkraftminderung durch Rütteln / %		6	-5	-9		8		-1		
Rüttelkraft / $10^4 N$ (/Mp)		2,79	2,79	2,79		2,68		2,79		
Beschleunigung der Schneide	a_{hm}/g	7,0	5,4	5,4		5,7		5,7		
	a_v/g	1,5	1,3	1,3		1,4		1,3		
el. Leistungs-aufnahme des Rüttlers	P_w vi/kw	1,02	0,98	0,96		1,04		0,88		
	P_b vi/kvar	0,44	0,43	0,42		0,46		0,47		
Phasenverschiebung a_v vor a_h/rad		0,87	0,96	0,96		0,78		1,05		
Rüttelfrequenz /Hz		25,0	25,0	25,0	0	25,0	0	23,0	0	0

Tabelle 3

Versuch Nr.		7a	7b	8a	8b	8c	8d	9a	9b	10a
Trockenraumgewicht t/m^3		2,52	2,52	2,52	2,52	2,52	2,52	2,5	2,5	2,43
Feuchte / %		4,16	4,16	5,05	5,05	5,05	5,05	4,5	4,5	4,7
Rüttler		ein	aus	ein	aus	ein	aus	ein	aus	ein
Fahrgeschwindigkeit m/s		0,492	0,544	0	0	0	0	0,119	0,099	0,338
Schneide	Neigung	flach	flach	flach	flach	flach	flach	steil	steil	steil
	Anregung	oben	oben	oben	oben	oben	oben	unten	unten	unten
Zugkraft $F_z/10^4 N$	(F_z/Mp)	4,15	4,7	1,275	3,95	1,2	3,775	5,3	6,175	7,075
Zugkraftminderung durch Rütteln / %		6		68		68		15		0
Rüttelkraft / $10^4 N$	(/Mp)	2,79		2,79		2,79		2,79		2,86
Beschleunigung der Schneide	a_{hm}/g	5,7		5,7		5,7		3,7		3,63/33
	a_v/g	1,3		1,5		1,8		2,3		
el. Leistungsaufnahme des Rüttlers	P_w vi/kW	0,76		0,97		1,02		4,8		4,65
	P_b vi/kvar	0,49		0,5		0,43		2,0		2,6
Phasenverschiebung a_v vor a_h/rad		0,96		1,13		1,05		1,13		0,87
Rüttelfrequenz /Hz		23,0	0	18,0	0	18,5	0	17,5	0	21,0

Tabelle 4

Versuch Nr.		10b	10c	11a	11b	11c	11d
Trockenraumgewicht t/m^3		2,43	2,43	2,47	2,47	2,47	2,47
Feuchte / %		4,7	4,7	4,73	4,73	4,73	4,73
Rüttler		aus	ein	ein	aus	ein	aus
Fahrgeschwindigkeit m/s		0,346	0,272	0,358	0,356	0	0
Schneide	Neigung	flach	flach	flach	flach	flach	flach
	Anregung	oben	oben	oben	oben	oben	oben
Zugkraft $F_z/10^4 N$	(F_z/Mp)	7,125	6,225	6,575	6,7	1,15	3,65
Zugkraftminderung durch Rütteln / %			10	2		68	
Rüttelkraft / $10^4 N$	(/Mp)		2,86	2,77		3,1	
Beschleunigung der Schneide	a_{hm}/g			3,75		3,7	
	a_v/g			2,2		2,3	
el. Leistungs-aufnahme des Rüttlers	P_w vi/kW			4,7		4,9	
	P_b vi/kvar			2,7		2,6	
Phasenverschiebung a_v vor a_h/rad			0,96	1,22		1,22	
Rüttelfrequenz/Hz		0	21,0	19,5	0	20,0	0

Tabelle 5

Versuch Nr.		12a	12b	13a	13b	14a	14b	15a	15b	16a	16b	16c
Trockenraumgewicht t/m^3		1,81	1,81	1,76	1,76	1,81	1,83	1,84	1,84	1,84	1,84	1,84
Feuchte / %		11,4	11,4	12,5	12,5	13,0	13,0	12,6	12,6	13,2	13,2	13,2
Rüttler		ein	aus	ein	aus	ein	aus	ein	aus	ein	aus	ein
Fahrgeschwindigkeit m/s		0,343	0,291	0,214	0,207	0,3	0,3	0,418	0,43	0,103	0,12	→ 0
Schneide	Neigung	steil	steil	steil	steil	steil	steil	steil	steil	steil	steil	steil
	Anregung	unten	unten	unten	unten	unten	unten	unten	unten	unten	unten	unten
Zugkraft $F_z/10^4 N$	(F_z/Mp)	3,05	3,85	3,2	3,45	4,875	5,725	6,275	6,375	2,8	3,1	1,6
Zugkraftminderung durch Rütteln / %		20		9		15		0		4		69
Rüttelkraft $/10^4 N$	(/Mp)	3,25		3,0		3,1		3,0		3,5		4,0
Beschleunigung der Schneide	a_{hm} / g	2,5		2,5		2,25		2,4		2,61		2,47
	a_v / g	1,46		1,86		1,53		1,46		2,3		1,6
el. Leistungsaufnahme des Rüttlers	P_w vi/kW	5,0		5,6		7,2		7,6		7,0		8,0
	F_b vi/kvar	4,3		3,4		5,6		6,0		4,8		5,8
Phasenverschiebung a_v vor a_h/rad		1,13		1,05		1,05		1,05		0,96		0,96
Rüttelfrequenz /Hz		19,0	0	21,0	0	19,0	0	21,0	0	19,5	0	

Tabelle 6

Versuch Nr.		16d	17a	17b	18a	18b	19a	19b	20a	20b	20c	20d
Trockenraumgewicht t/m^3		1,84	1,84	1,84	1,85	1,85	1,75	1,75	1,85	1,85	1,85	1,85
Feuchte / %		13,2	12,9	12,9	12,6	12,6	12,8	12,8	12,7	12,7	12,7	12,7
Rüttler		aus	ein	aus	ein	aus	ein	aus	ein	aus	ein	aus
Fahrgeschwindigkeit m/s		0	0,293	0,217	0,467	0,449	0,266	0,305	0,432	0,484	≈ 0	≈ 0
Schneide	Neigung	steil	flach	flach	flach	flach	flach	flach	flach	flach	flach	flach
	Anregung	unten	unten	unten	unten	unten	unten	unten	unten	unten	unten	unten
Zugkraft $F_z/10^4N$	(F_z/Mp)	5,175	4,775	4,85	5,05	5,675	3,6	4,225	6,15	6,375	2,25	7,1
Zugkraftminderung durch Rütteln / %			15		14		7		- 3		68	
Rüttelkraft $/10^4N$	(/Mp)		3,5		3,1		3,25		3,0		3,5	
Beschleunigung der Schneide	a_{hm} / g		2,9		3,5		3,2		2,5		2,5	
	a_v / g		1,17		1,52		1,17		1,74		1,86	
el. Leistungsaufnahme des Rüttlers	P_w vi/kW		7,6		6,7		4,4		5,4		5,2	
	P_b vi/kvar		5,8		4,4		2,48		3,6		3,2	
Phasenverschiebung a_v vor a_h / rad			1,05		0,78		0,87		1,05		1,05	
Rüttelfrequenz/Hz		0	19,5	0	20,0	0	23,3	0	23,0	0	24,0	0

Tabelle 7

Versuch Nr.		21a	21b	22a	22b	22c	22d	22e
Trockenraumgewicht t/m^3		1,87	1,87	1,82	1,79	1,79	1,82	1,82
Feuchte / %		12,7	12,7	11,9	12,3	12,3	11,9	11,9
Rüttler		ein	aus	ein	ein	aus	ein	aus
Fahrgeschwindigkeit m/s		0,308	0,304	0,29	0,33	0,32	≈ 0	≈ 0
Schneide	Neigung	flach	flach	flach	flach	flach	flach	flach
	Anregung	oben	oben	oben	oben	oben	oben	oben
Zugkraft $F_z/10^4 N$	(F_z/Mp)	6,325	6,725	6,75	3,925	4,375	1,5	5,625
Zugkraftminderung durch Rütteln / %		7			13	73		
Rüttelkraft $/10^4 N$	(/Mp)	3,0		3,0	2,7		3,3	
Beschleunigung der Schneide	a_{hm} / g	3,0		3,25	3,25		2,9	
	a_v / g	0,98		1,4	0,88		1,17	
el. Leistungsaufnahme des Rüttlers	P_w vi/kW	6,6		7,0	5,2		6,8	
	P_b vi/kvar	4,6		2,6	4,6		4,7	
Phasenverschiebung a_v vor a_h / rad		1,13		1,13	1,13		1,05	
Rüttelfrequenz /Hz		19,5	0	20,0	20,0	0	18,0	0

Tabelle 8

5.3. Berechnung der Zugkraftminderung

Die in den Tabellen 2 bis 8 angegebenen Zugkraftminderungen F_z wurden folgendermaßen berechnet:

$$F_z = \frac{F_{z\,\text{ohne Rütteln}} - F_{z\,\text{mit Rütteln}}}{F_{z\,\text{ohne Rütteln}}} \cdot 100$$

Voraussetzung für die Berechnung nach dieser Formel sind gleiche Fahrgeschwindigkeiten mit und ohne Rütteln, was wegen der ständig wechselnden Belastung auch durch Nachregeln des Windenantriebs nicht immer erreichbar war. War diese Bedingung nicht erfüllt, wurden die Kurvenverläufe Zugkraft = f(Fahrgeschwindigkeit) Bild 26 bis 30 von Seite 55 bis 59 durch Geraden angenähert und mit Hilfe der Steigung der Geraden die Zugkräfte auf den gleichen Geschwindigkeitswert bezogen. Siehe dazu Bild 25.

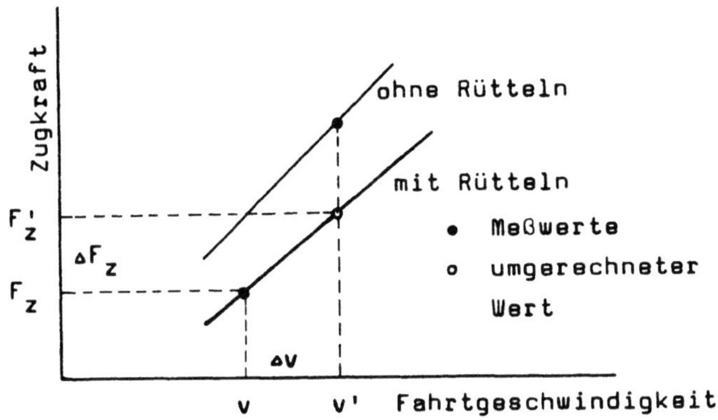

$$\text{Steigung: } m = \frac{\Delta F_z}{\Delta v} = \frac{F_z' - F_z}{v' - v}$$

$$F_z' = F_z + m.(v' - v)$$

Bild 25

5.4. Zusammenstellung der Versuchsergebnisse

Die Versuchsergebnisse sind zusammen mit den Einstelldaten für die einzelnen Versuche in den Tabellen 2 bis 8 der Seiten 45 bis 51 zusammengestellt. Die Schneidtiefe betrug bei allen Versuchen 7 cm; der Versuchsboden war bei den Versuchen 1 bis 11 Kies (Bodenart I); bei den Versuchen 12 bis 22 Lehm (Bodenart II).

6. Diskussion der Ergebnisse

6.1. Schneidkraft, Zugkraft

6.1.1. Zuordnung Schneidkraft - Zugkraft

Die beim Schürfvorgang entlang der Schneide auftretenden Kräfte können in der die Bahnmitte senkrecht in Längsrichtung schneidenden Ebene zusammengefaßt werden. Versuchswagen mit Schneide, Versuchsbahn und Zugvorrichtung liegen symmetrisch zu dieser Ebene, in die auch die Zugkraft fällt. Bei horizontaler Bewegungsrichtung und geeigneter Konstruktion des Versuchswagens, die nur geringe Reibung bei der Fahrbewegung erwarten läßt, wird die auftretende horizontale Schneidkraft hinreichend genau durch die zur Bewegung des Versuchswagens benötigte Zugkraft gemessen. Dies gilt in erhöhtem Maße für relative Betrachtungen; so kann insbesondere der Zugkraftminderung durch Rütteln die Schneidkraftminderung direkt zugeordnet werden.

6.1.2. Diagramme

Die Diagramme, Bild 26 bis 30 der folgenden Seiten, zeigen die Zugkraft (= Horizontalkomponente der Schneidkraft) als Funktion der Fahrgeschwindigkeit, zusammengefaßt für Versuchsgruppen mit gleicher Bodenart und Schneideneinstellung.

Die aus den Einzelversuchen erhaltenen Meßwerte streuen stark, weil z.B. die Verdichtung der Versuchsböden nicht hinreichend genau reproduzierbar war. Dies ist jedoch erforderlich, weil zu jeder veränderten Fahrgeschwindigkeit ein neuer Versuch mit erneuter Aufbereitung der Versuchsbahn gehört. Man hätte eine Einengung des Streubereiches, etwa durch Mittelung der Ergebnisse von mehreren, jeweils mit gleichen Parametern durchgeführten Versuchen vornehmen können; dies war jedoch wegen des sehr großen Aufwandes sowohl bei der Vorbereitung der Versuchsbahn als auch bei der statistischen Auswertung der Meßschriebe im Rahmen der vorliegenden Untersuchung nicht möglich.

Trotz erheblicher Streuung der Einzelwerte sind nach den Diagrammen Bild 26 bis 30 einige Aussagen zu treffen. Sieht man zunächst von Bild 27 ab, so ist auffallend, daß die Zugkraft beim Anfahren und im Bereich sehr geringer Geschwindigkeiten sehr stark durch die Anwendung der Vibration verringert wird. Bei einer Fahrgeschwindigkeit von 0,2 bis 0,3 m/s ist kein nennenswerter Einfluß der Vibration zu erkennen. Demnach kann es nur sinnvoll sein, Vibration zur Schneidkraftminderung und im Bereich geringer Fahrgeschwindigkeit anzuwenden.

Beim Lehmboden stellt sich ein betontes Minimum für den Vibrationseinfluß ein (siehe Bild 28 und 29). Je nach Einstellung der Schneide ist bei Fahrgeschwindigkeiten zwischen 0,2 und 0,3 m/s bzw. 0,3 bis 0,4 m/s kein Unterschied der Zugkräfte für das Schneiden des Bodens mit und ohne Vibration vorhanden. Besonders im Bereich von Fahrgeschwindigkeiten unterhalb 0,2 m/s aber auch oberhalb 0,7 m/s ergeben sich Vorteile für die Anwendung der Vibration. Die Versuche mit Kies weisen nicht diese Tendenz auf; überhaupt zeigt sich dort ein geringerer Einfluß der Vibration.

Die Versuche Nr. 21 und 22 (Bild 30) wurden gegenüber Versuch 17 und 20 (Bild 29) bei anderer Schwingungsform der Schneide unter Berücksichtigung veränderter Bodendichten bei nur einigen Fahrgeschwindigkeiten durchgeführt. Die Schwingungsform der Schneide ist demnach nur von geringem Einfluß.

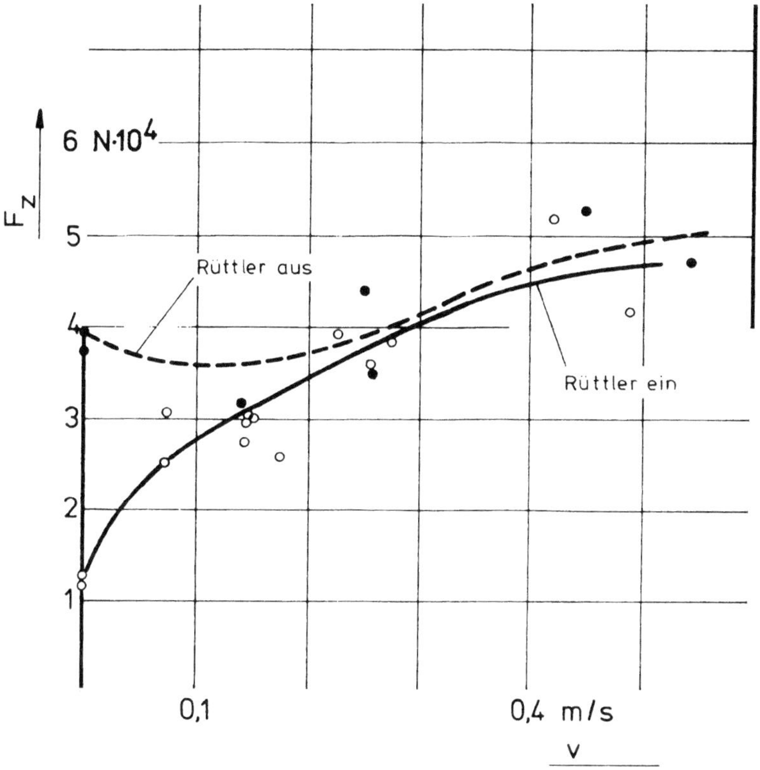

Bild 26: Abhängigkeit der Zugkraft F_z von der Fahrtgeschwindigkeit v

Versuchsparameter:

Boden: Kies, γ_t = 2,42 - 2,52 t/m^3, w = 3,5 - 5,4 %

Anstellwinkel der Schneide: flach

Anregung der Schneide: oben

Rüttelkraft F_s = 2,68-2,79·10^{4}N, -frequenz f = 23,0 - 25,0 Hz

Weitere Parameter Versuche Nr. 1 - 8, S. 45 - 47

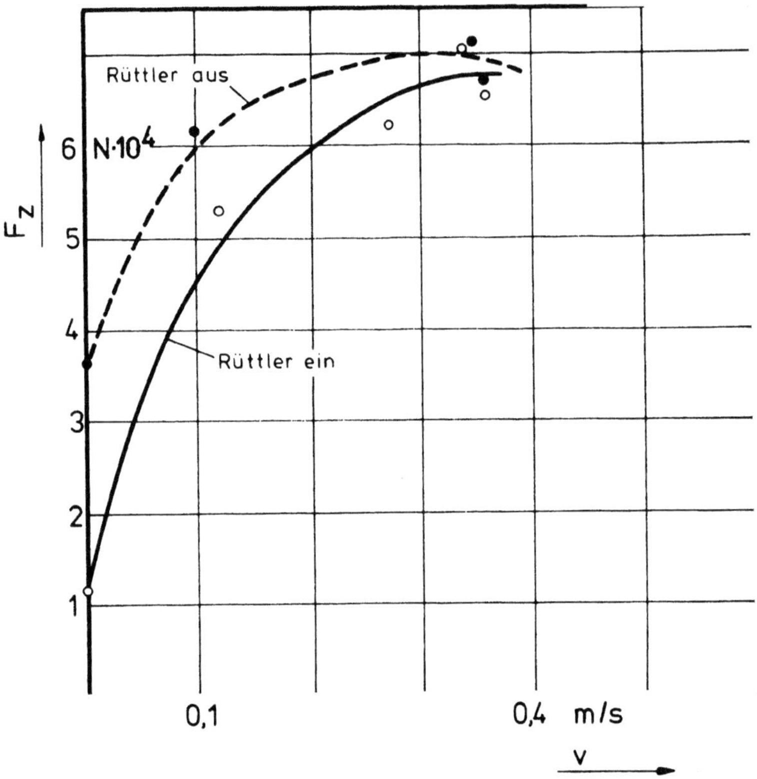

Bild 27: Abhängigkeit der Zugkraft F_z von der Fahrtgeschwindigkeit v

Versuchsparameter:

Boden: Kies, γ_t = 2,50 - 2,47 t/m^3, w = 4,50 - 4,73 %

Anstellwinkel der Schneide: steil

Anregung der Schneide: unten

Rüttelkraft F_s = 2,79-3,10·10^{4}N, -frequenz f = 17,5 - 21,0 Hz

Weitere Parameter Versuche Nr. 9 - 11, S. 47 + 48

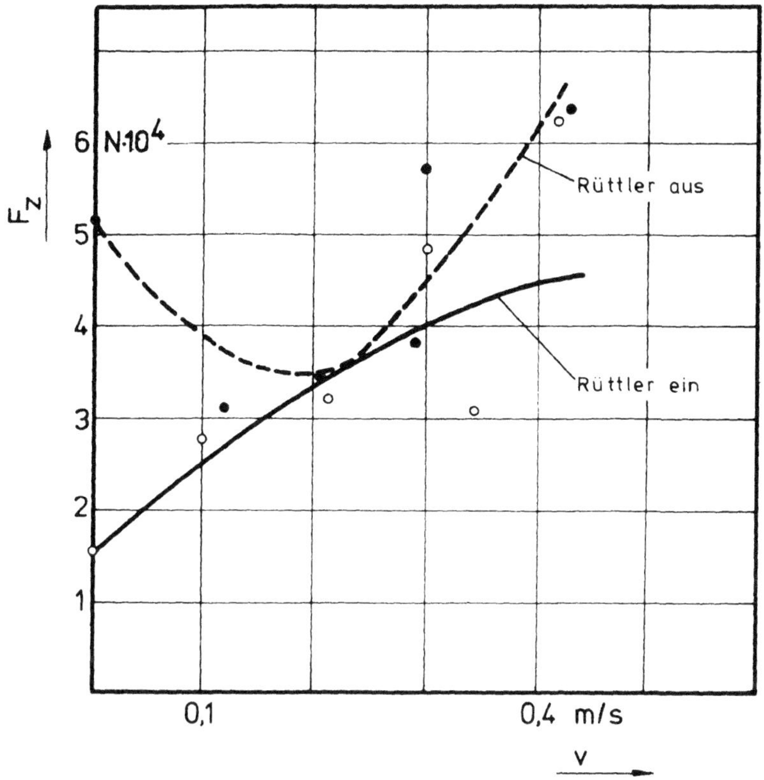

Bild 28: Abhängigkeit der Zugkraft F_z von der Fahrtgeschwindigkeit v

Versuchsparameter:

Boden: Lehm, γ_t = 1,76 - 1,84 t/m^3, w - 11,4 - 13,2%

Anstellwinkel der Schneide: steil

Anregung der Schneide: unten

Rüttelkraft F_s = 3,0-4,0·10^4N,-frequenz f = 18,5 - 21,0 Hz

Weitere Parameter Nr. 12 - 16, S. 49 + 50

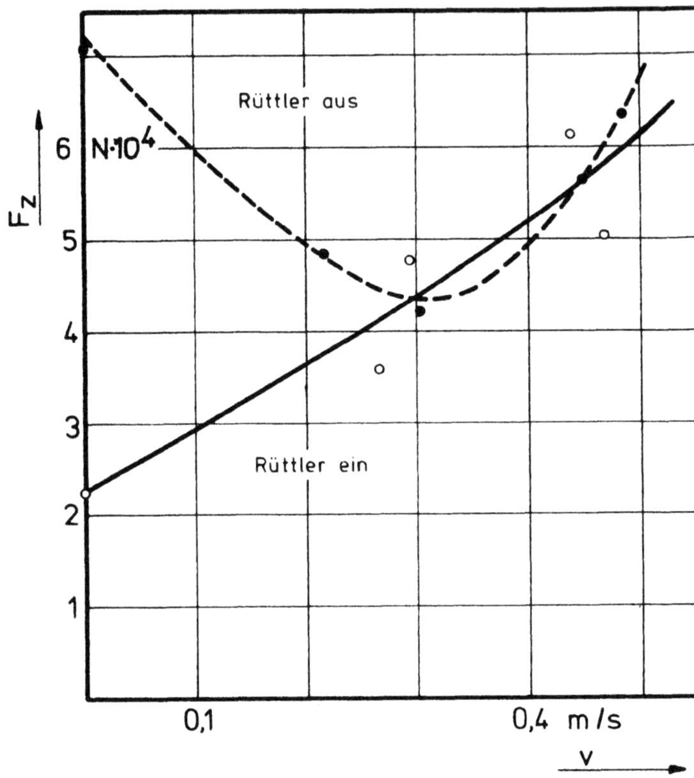

Bild 29: Abhängigkeit der Zugkraft F_Z von der Fahrtgeschwindigkeit v

Versuchsparameter:

Boden: Lehm, γ_t = 1,75 - 1,85 t/m^3, w = 12,6 - 12,9 %

Anstellwinkel der Schneide: flach

Anregung der Schneide: unten

Rüttelkraft F_s = 3,0-3,5·10^{4}N, -frequenz f = 19,0 - 24,0 Hz

Weitere Parameter Versuche Nr. 17 - 20, S. 50

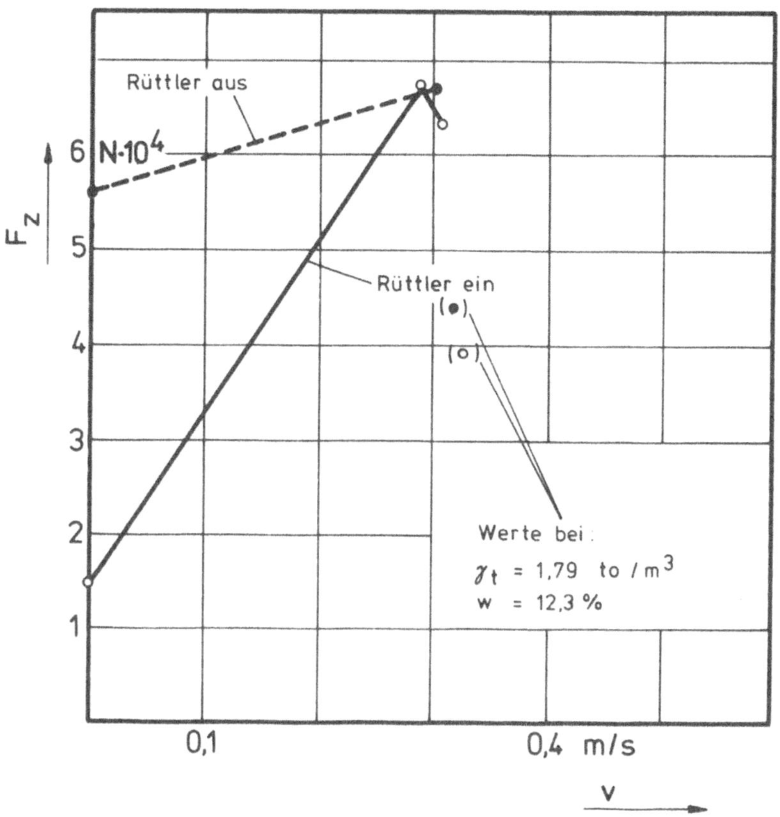

Bild 30: Abhängigkeit der Zugkraft F_Z von der Fahrtgeschwindigkeit v

Versuchsparameter:

Boden: Lehm, γ_t - 1,82 - 1,87 t/m^3, w = 12,7 - 11,9%

Anstellwinkel der Schneide: flach

Anregung der Schneide: oben

Rüttelkraft F_s = 3,0-4,0·10^{4}N, -frequenz f = 19,5 - 20,0 Hz

Weitere Parameter Versuche Nr. 21 - 22, S. 51

Bei Kiessand ist der Einfluß der Vibration deutlich geringer als bei Lehmboden (vergl. Bild 26 und 29). Bei steilem Anstellwinkel der Schneide wird der Schneidvorgang zudem noch von anderen Einflüssen überlagert. Bild 27 weist für den Anfahrbereich fast die gleichen Werte aus wie Bild 26. Bei steilem Anstellwinkel nimmt die Zugkraft auch beim Versuch mit Vibration mit zunehmender Geschwindigkeit stark zu, weil sich der gelöste Boden vor der Schneide staut. Die aus beiden Vorgängen herrührenden Kräfte überlagern sich und die Gesamtkraft zeigt den gegenüber den früheren Feststellungen abweichenden Verlauf gemäß Bild 27. Beim Lehmboden (Bild 28) ist dies weniger der Fall, weil der Boden meist in Schollen aufbricht, die sich über die Schneide schieben (siehe Bild 13, Seite 29).

6.2. Schneidkraftminderung, Zugkraftminderung

Die Schneidkraftminderung durch Rütteln der Schneide kann der Zugkraftherabsetzung, wie bereits beschrieben, direkt zugeordnet werden. Im Diagramm Bild 31, Seite 62, sind die Zugkraftminderungen von Versuchsgruppen mit gleichen Parametern zusammengefaßt dargestellt. Als Variable dient die Schneidgeschwindigkeit (= Fahrgeschwindigkeit). Zur Veranschaulichung wurden die zu gleichen Versuchsgruppen gehörenden Meßwerte durch Geraden verbunden.

Die aufgetragenen Werte wurden aus den Tabellen Seite 45 bzw. 51 entnommen. Die Berechnungsformel ist im Diagramm Bild 31 angegeben. Bezüglich der Streuungen der berechneten Werte sei auf die Erklärung in Abschnitt 6.1.2. Seite 54 hingewiesen.

Die Darstellung in Bild 31 läßt ohne weiteres keine Zusammenhänge erkennen. Dies kommt daher, daß einmal aus erwähnten Gründen die Werte stark streuen und sich zum anderen gezeigt hat, daß sich bei steilem Anstellwinkel der Schneide Einflüsse durch Anstauen des Bodens vor der Schneide der eigentlichen Schneidkraft überlagern. Man wird deshalb nur Versuche, mit gleichem Anstellwinkel der Schneide vergleichen können. Versucht man weiterhin die Tendenzen durch eine ausgleichende Kurve wiederzugeben, bei der nicht nur eine Mitteilung, sondern auch eine leichte Beurteilung der Werte (etwa bezüglich abweichender Feuchtigkeit oder Dichte bei dem für den jeweiligen Wert maßgebenden Versuch), so erhält man die Tendenzen nach Bild 32 und 33. Bei flachem Anstellwinkel der Schneide (Bild 32) ist beim Kiessand nur im Bereich der Fahrgeschwindigkeit unterhalb 0,1 m/s mit einer nennenswerten Minderung der Schneidkraft zu rechnen. Zwischen 0,2 und 0,45 m/s tritt sogar eine geringe Erhöhung der Schneidkraft auf. Im Lehmboden ist die Schneidkraftminderung deutlich größer als im Kiessand, dabei ist der Betrieb des Gerätes mit Anregung der Schneide von "oben" im gesamten untersuchten Bereich etwas günstiger. Für alle untersuchten Verhältnisse ist bei sehr kleiner Geschwindigkeit (Anfahrbereich) eine bedeutende Schneidkraftminderung festgestellt worden.

Bei steilem Anstellwinkel der Schneide (Bild 33) stellt sich sowohl für die Versuche auf Kiessand als auch für die im Lehmboden ein auffallender Verlauf der Abhängigkeit der Schneidkraftminderung von der Fahrgeschwindigkeit ein. Dies kann nur durch das je nach Fahrgeschwindigkeit unterschiedliche Fließverhalten des Bodens (je nach Fahrgeschwindigkeit und wiederum unterschiedlich je nach Bodenart) an der steil stehenden Schneide erklärt werden.

Für das Anfahren gelten fast genau die gleichen Werte der Schneidkraftminderung wie bei flacher Schneidenstellung. Die Zugkraftminderung nimmt bei zunehmender Fahrgeschwindigkeit infolge der zusätzlichen - mit und ohne Vibration vorhandenen - Belastung der Schneide durch den Bodenstau stark ab. Mit weiter zunehmender Geschwindigkeit wird der Boden auf Grund besser abgestimmter Verhältnisse (Fahrgeschwindigkeit, Schwin-

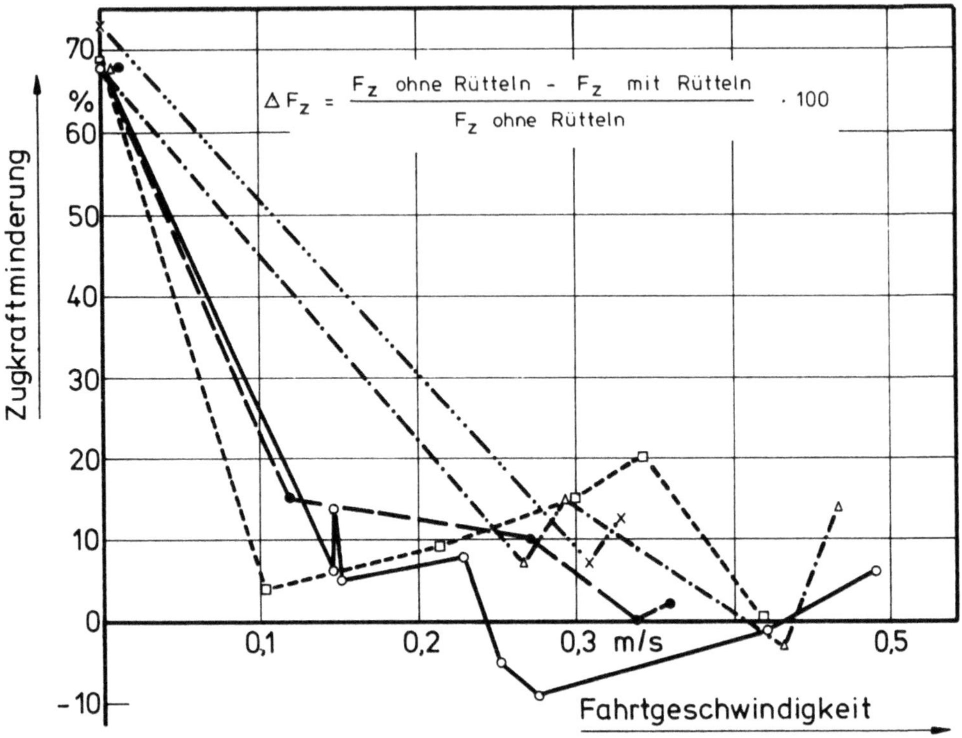

Bild 31 Schneidkraftminderung

Versuche Nr. 1-8 "Kies, Schneide flach, Anregung: oben
rechnerischer (aus den Meßwerten) Mittelwert der Zugkraftminderung für den Fahrtgeschwindigkeitsbereich
$0{,}1 < v/m \cdot s < 0{,}5$: $\Delta F_z = 3$ %

Versuche Nr. 9-11 "Kies, Schneide steil, Anregung: unten
rechnerischer (aus den Meßwerten) Mittelwert der Zugkraftminderung für den Fahrtgeschwindigkeitsbereich
$0{,}1 < v/m \cdot s < 0{,}5$: $\Delta F_z = 7$ %

Versuche Nr. 12-16 "Lehm, Schneide steil, Anregung: unten
rechnerischer (aus den Meßwerten) Mittelwert der Zugkraftminderung für den Fahrtgeschwindigkeitsbereich
$0{,}1 < v/m \cdot s < 0{,}5$: $\Delta F_z = 10$ %

Versuche Nr. 17-20 "Lehm", Schneide flach, Anregung: unten
rechnerischer (aus den Meßwerten) Mittelwert der Zugkraftminderung für den Fahrtgeschwindigkeitsbereich
$0{,}1 < v/m \cdot s < 0{,}5$: $\Delta F_z = 8$ %

Versuche Nr. 21-22 "Lehm", Schneide flach, Anregung oben
rechnerischer (aus den Meßwerten) Mittelwert der Zugkraftmiderung für den Fahrtgeschwindigkeitsbereich
$0{,}1 < v/m \cdot s < 0{,}5$: $\Delta F_z = 10$ %

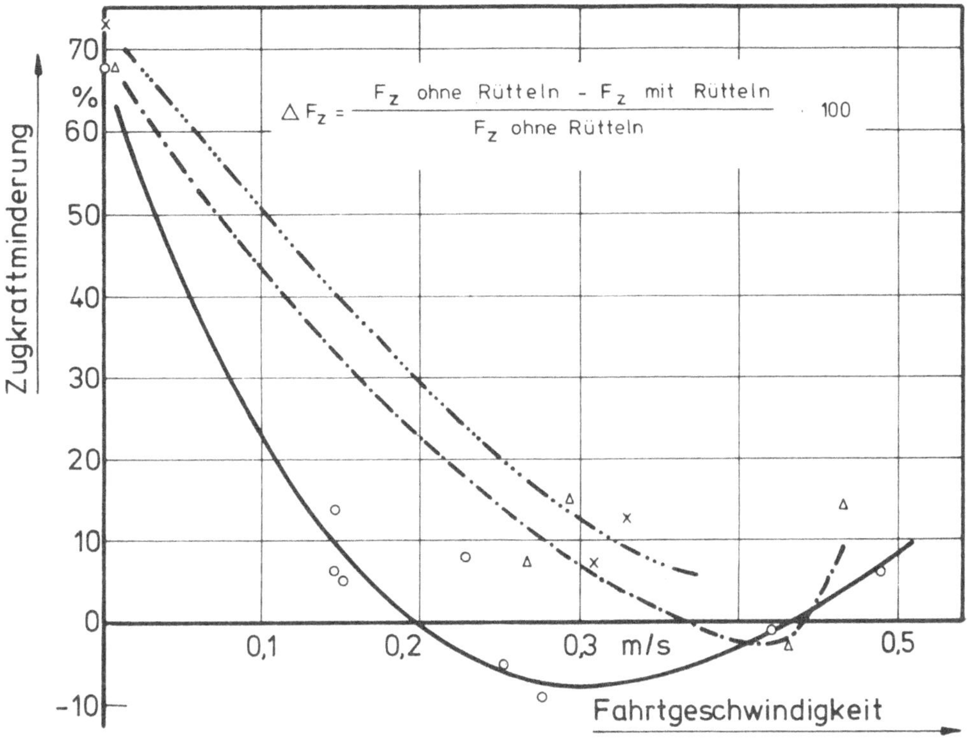

Bild 32

Schneidkraftminderung

Versuche Nr. 1-8 "Kies", Schneide flach, Anregung: oben
rechnerischer (aus den Meßwerten) Mittelwert der Zugkraftminderung für den Fahrtgeschwindigkeitsbereich
$0{,}1 < v/m \cdot s < 0{,}5$: $\Delta F_z = 3\ \%$

Versuche Nr. 17-20 "Lehm", Schneide flach, Anregung: unten
rechnerischer (aus den Meßwerten) Mittelwert der Zugkraftminderung für den Fahrtgeschwindigkeitsbereich
$0{,}1 < v/m \cdot s < 0{,}5$: $\Delta F_z = 8\ \%$

Versuche Nr. 21-22 "Lehm", Schneide flach, Anregung: oben
rechnerischer (aus den Meßwerten) Mittelwert der Zugkraftminderung für den Fahrtgeschwindigkeitsbereich
$0{,}1 < v/m \cdot s < 0{,}5$: $\Delta F_z = 10\ \%$

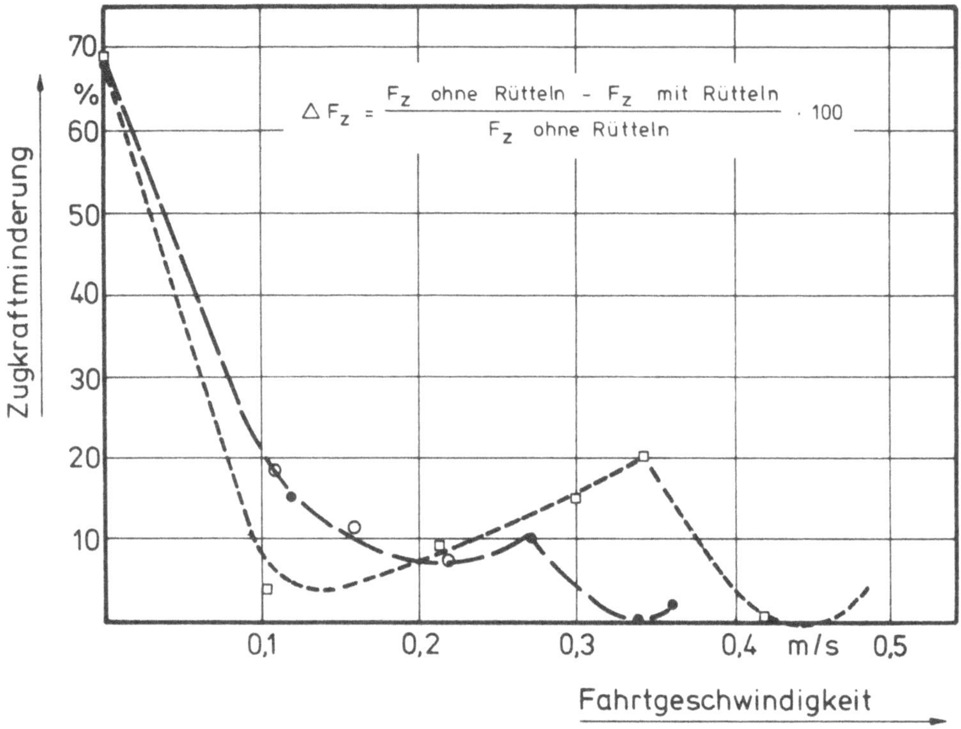

Bild 33

Schneidkraftminderung

●— —● Versuche Nr. 9–11 "Kies", Schneide steil, Anregung: unten,
rechnerischer (aus den Meßwerten) Mittelwert der Zugkraftminderung für den Fahrtgeschwindigkeitsbereich $0{,}1 < v/m \cdot s < 0{,}5$: $\Delta F_z = 7$ %

□- - -□ Versuche Nr. 12–16 "Lehm", Schneide steil, Anregung: unten
rechnerische (aus den Meßwerten) Mittelwerte der Zugkraftminderung für den Fahrtgeschwindigkeitsbereich $0{,}1 < v/m \cdot s < 0{,}5$: $\Delta F_z = 10$ %

o Werte von Panajotopoulos (5) im Kiessand, 20 Hz

gungsdaten, Bodenart) zunehmend von der Schneide "unterfahren". Die Zugkraftminderung wächst wieder , bis sich bei noch höherer Fahrgeschwindigkeit ein neuer Stau bilden kann.

Panajotopoulos (5) hat an Planierschilden (die ebenfalls steile Anstellwinkel haben) die Schneidkraftminderung bei unterschiedlichen Frequenzen und veränderten Schwingungsdaten untersucht. Auf Kiessand sind drei Fahrgeschwindigkeiten untersucht worden, leider nur im Bereich von 0,1 bis 0,2 m/s (0,11; 0,16 und 0,22 m/s), so daß die wesentliche Abhängigkeit der Schneidkraftminderung im Bereich sehr kleiner Fahrgeschwindigkeiten dort nicht erkennbar ist. In dem mit diesen Versuchen gemeinsamen Bereich (20 Hz, Kiesboden ähnlicher Zusammensetzung und Dichte) werden für die drei Geschwindigkeiten fast genau die gleichen Werte weil bei diesen Untersuchungen für die Schneidkraftminderung erreicht (vergl. Bild 33).

6.3. Beschleunigungen, Schwingungsformen der Schneide

6.3.1. Frequenz und Amplitude der Beschleunigung, Ortskurven des Beschleunigungsvektors.

Von der Grundschwingung der Beschleunigung "horizontal" und "vertikal" , d.h. parallel und senkrecht zur Schneidenunterseite, wurden Frequenz und Amplitude gemessen. Vorhandene Oberschwingungen wurden ausgefiltert. Aus zeitgedehnt wiedergegebenen Magnetbandaufzeichnungen des Beschleunigungsverlaufes wurde die Phasenverschiebung der Richtungskomponenten abgelesen.

Die über die entsprechenden Auswertzeiträume der einzelnen Versuche gemittelten Werte wurden in die Tabellen auf Seite 45 und 51 eingetragen. Für einige unterschiedliche Schneideneinstellungen ist der zeitliche Verlauf des Beschleunigungsvektors beispielsweise in den Bildern 34 bis 36 dargestellt.

6.3.2. Schwingwege

Aus den Diagrammen z.B. Bild 34 bis 36 kann die Maximalamplitude und deren Richtung für die Grundschwingung der Beschleunigung der Schneide abgelesen werden. Die zugehörigen Schwingwege berechnen sich, da eine sinusförmige Schwingung vorliegt, wie folgt:

$$b = A \cdot \omega^2 \cdot \sin \omega t$$

b = Beschleunigung [g]

A = Amplitude der Schwingung [mm]

ω = $2 \pi f$; f = Schwingfrequenz [Hz]

Bei Verwenden dieser Dimensionen ergeben sich zur Berechnung der Schwingungsamplitude die folgende zugeschnittene Größengleichung:

$$A = 248 \cdot b/f^2$$

Damit ergeben sich folgende maximale Schwingwege s während der Versuche.

Diagramm Bild 34, Versuch Nr. 2 b (Schneide ohne mech. Verstärkung)

$b_{max} = 7{,}7$ g ; $s_{max} = \pm 3{,}1$ mm

Diagramm Bild 35, Versuch Nr. 13 b

$b_{max} = 3{,}1$ g ; $s_{max} = \pm 2{,}2$ mm

Diagramm Bild 36, Versuch Nr. 21 a

$b_{max} = 3{,}15$ g; $s_{max} = \pm 2$ mm

6.3.3. Sonstige Feststellungen zur Beschleunigungsamplitude

Wie schon früher beschrieben, schwankt die Beschleunigungsamplitude bei einigen Versuchen stark (siehe Meßschrieb von Versuch 14, Bild 20 und 21, Seite 39 und 40), was in den wechselnden Bean-

Scheitelwertzeigerbild

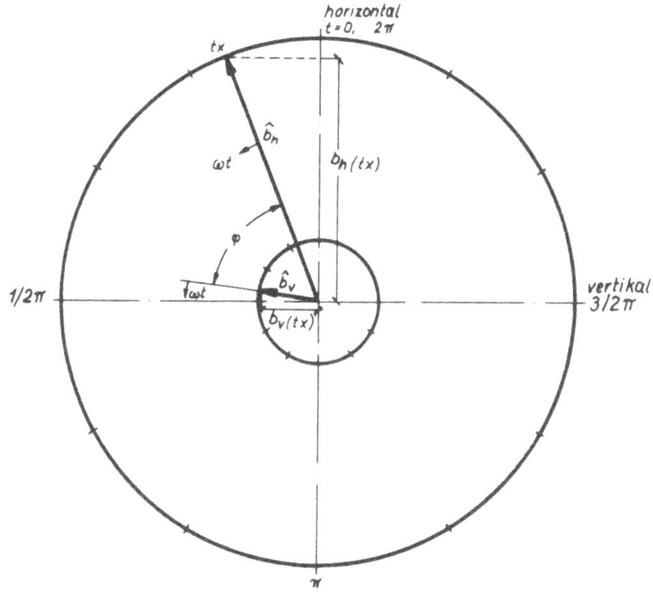

Ortskurve des Beschleunigungsvektors: $\mathfrak{b}$

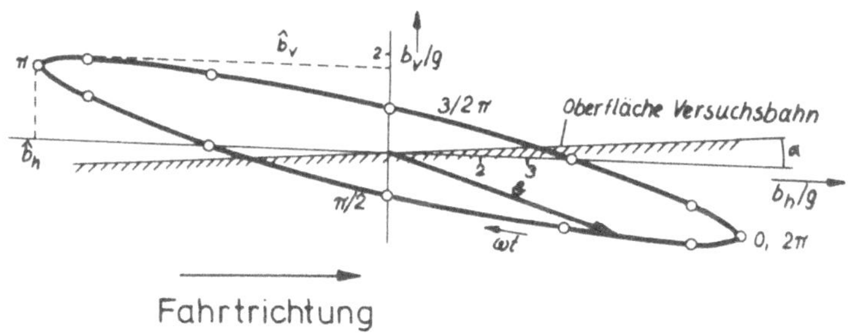

$$\mathfrak{b}_h = \hat{b}_h \cdot \sin \omega t$$
$$\mathfrak{b}_v = \hat{b}_v \cdot \sin(\omega t + \varphi)$$
$$\mathfrak{b} = \mathfrak{b}_h + \mathfrak{b}_v$$

$\hat{b}_h/g = 7{,}5$; $\hat{b}_v/g = 1{,}7$; $\varphi = 60°$

Bild 34

Beschleunigung der Schneide, Ortskurven

Anstellwinkel der Schneide: $a = 4^{o}$, "flach"
Bodenart: Kies
Anregung der Schneide: oben
Sonstige Versuchsdaten: siehe Seite 45, Versuch 2 b

Scheitelwertzeigerbild

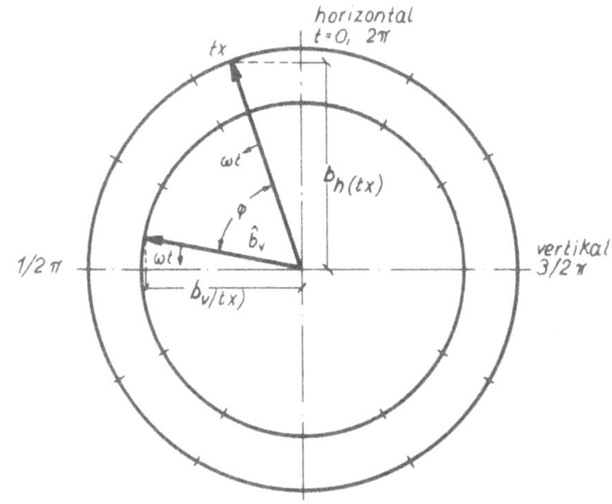

Ortskurve des Beschleunigungsvektors: $\mathfrak{b}$

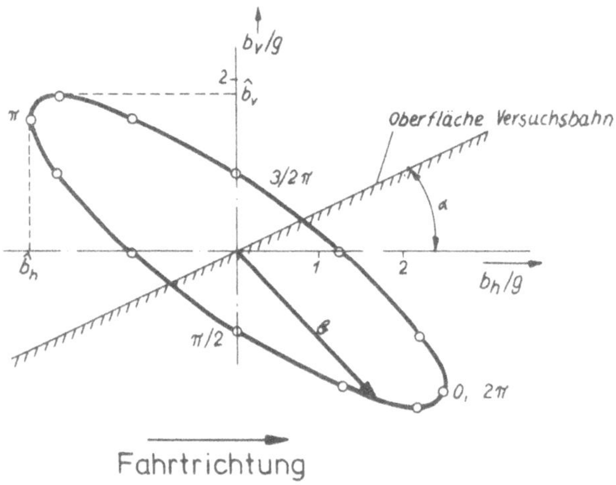

$\mathfrak{b}_h = \hat{b}_h \cdot \sin \omega t$

$\mathfrak{b}_v = \hat{b}_v \cdot \sin(\omega t + \varphi)$

$\mathfrak{b} = \mathfrak{b}_h + \mathfrak{b}_v$

$b_h/g = 2{,}5$; $b_v/g = 1{,}86$; $\varphi = 60°$

Bild 35

Beschleunigung der Schneide, Ortskurven

Anstellwinkel der Schneide: a = 25°, "steil"
Bodenart: II, Lehm
Anregung der Schneide: unten
Sonstige Versuchsdaten: siehe Seite 49, Versuch 13 b

Scheitelwertzeigerbild

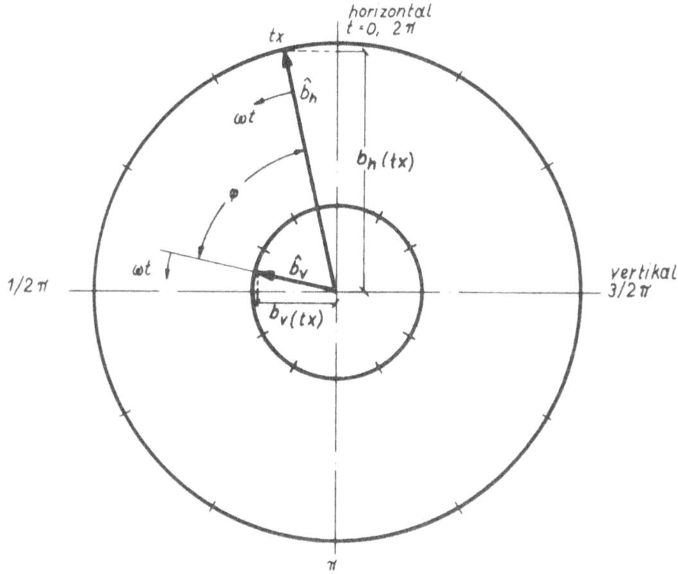

Ortskurve des Beschleunigungsvektors: $\mathfrak{b}$

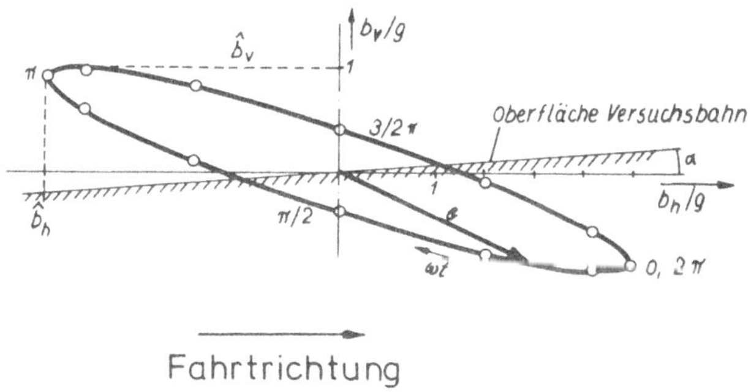

$$\mathfrak{b}_h = \hat{b}_h \cdot \sin \omega t$$
$$\mathfrak{b}_v = b_v \cdot \sin(\omega t + \varphi)$$
$$\mathfrak{b} = \mathfrak{b}_h + \mathfrak{b}_v$$

$b_h/g = 3{,}0;\ b_v/g = 0{,}98;\ \varphi = 65°$

<u>Bild 36</u>

Beschleunigung der Schneide, Ortskurven

Anstellwinkel der Schneide: a = 4^{0}, "flach"
Bodenart: II, Lehm
Anregung der Schneide: oben
Sonstige Versuchsdaten: siehe Seite 51, Versuch 21 a

spruchungen und in der unvermeidlichen Elastizität der Versuchseinrichtung seine Ursachen hat.

Auch die Verteilung der horizontalen Komponente der Beschleunigung über die Länge der Schneide wies Unterschiede auf. Dies wurde im Versuch 10 untersucht. Für die beiden extremen Verhältnisse, im Stand (Zugkraft $F_z = 0$) und Fahrt (Zugkraft $F_z = 7{,}1 \cdot 10^4$ N) ergibt sich:

$$F_z = 0 \rightarrow \frac{b_h \text{ Ende}}{b_h \text{ Mitte}} = 0{,}8 \qquad F_z = 7{,}1 \text{ t} \rightarrow \frac{b_h \text{ Ende}}{b_h \text{ Mitte}} = 0{,}1$$

Die Beschleunigungsamplitude fällt also während des Schneidvorganges an den Schneidenden gegenüber der Schneidenmitte deutlich ab. Es muß eine noch steifere Schneidenkonstruktion angestrebt werden.

6.4. Rüttelkraft

Die Rüttelkraft blieb während der Versuche weitgehend konstant. Für die einzelnen Versuchsgruppen ergaben sich folgende Mittelwerte:

Versuch Nr.	Bodenart	Schneide		Rüttelkraft/10^4 N	
		Anstieg	Anregung	Fahren	Anfahren
1 - 8	Kies	flach	oben	2,8	2,8
9 - 11	Kies	steil	unten	2,8	3,1
12 - 16	Lehm	steil	unten	3,2	4,0
16 - 20	Lehm	flach	unten	3,2	3,5
21 - 22	Lehm	flach	oben	2,9	3,3

6.5. Leistungsbilanz

Die zur Vorwärtsbewegung des Versuchswagens beim Schneidvorgang benötigte Zugleistung P_z ist das Produkt aus Schneid-(Fahr)geschwindigkeit und Zugkraft. Das Rütteln der Schneide ergab eine Leistungsersparnis ΔP_z.

Es gilt:

$$\Delta P_z = \frac{P_{z\text{ ohne Rütteln}} - P_{z\text{ mit Rütteln}}}{P_z \text{ ohne Rütteln}} \cdot 100$$

Bei Schneidgeschwindigkeiten von 0,1 - 0,5 m/s ergibt sich folgende mittlere Zugleistungsersparnis:

im Kiessand: $\Delta P_z = 3$ %
im Lehmboden: $\Delta P_z = 8$ %

Dem stand jedoch um etwa 40 % erhöhte elektrische Leistungsaufnahme gegenüber, die zur Schwingungserzeugung aufgewandt werden mußte. Hiermit wurde zusätzlich zur Zugwinde der Rüttler betrieben.

7. Zusammenfassung der Ergebnisse

Beim Anfahren, d.h. bei Geschwindigkeiten von ungefähr Null wurde eine erhebliche Schneidkraftminderung erreicht. Sie betrug beim Schneiden mit Vibration etwa 70 % bezogen auf die Schneidkraft ohne Anwenden der Vibration. Obwohl sich die Schneidkräfte in ihrer absoluten Höhe und im Verlauf abhängig von Bodenart und Einstellung der Schneide stark unterschieden, war die prozentuale Kraftersparnis in allen Fällen fast gleich.

Bei Schneidgeschwindigkeiten im Bereich von 0,1 bis 0,5 m/s war die Schneidkraftminderung stets kleiner oder gleich 10 %. Im Lehmboden wurde dabei eine größere Schneidkraftminderung erreicht.

Das Rütteln des Schürfkübels ist also unter Bedingungen, wie sie während der im Rahmen dieser Untersuchung durchgeführten Versuche eingestellt wurden und wie sie auch praktischen Schneidverhältnissen bei Schürfkübeln entsprechen, nur während des Anfahrvorgangs sinnvoll.

Dem geringen oder nur auf bestimmte Betriebsbedingungen beschränkten Nutzen steht gegenüber, daß eine verhältnismäßig große Leistung zur Erregung der Vibration zu installieren ist. Dies macht eine praktische Verwendung wenig aussichtsreich.

Literaturverzeichnis

1 Eggemüller, A.
Untersuchungen an schwingenden Bodenbearbietungswerkzeugen
Sonderdruck aus "Grundlagen der Landtechnik" (1958) Heft 10
VDI-Verlag GmbH, Düsseldorf

2 Gunn und Tramontini
Oscillation of Tillage Implements
Agricult Engng. Heft 11, November 1955

3 Schkurenko, N.
Versuchsdaten über den Einfluß von Vibration auf den Schneidwiderstand der Böden
Zurnal techniceskoj fiziki Bd. 23, Nr. 8

4 Schkurenko, N.
Ergebnisse von Versuchen über den Einfluß von Schwingungen auf den beim Schneiden des Bodens auftretenden Widerstand
Übersetzg. aus: DINAMIKA GRUNDOW
Verlag Cosstroicisdat Moskau 1958
Dtsch. Gesellschaft für Erd- u. Grundbau e.V. Essen

5 Panajotopoulos, N.
Der Einfluß der Vibration auf den Schneidwiderstand von Planierschilden

6 Drees, G.
Untersuchungen über das Kräftespiel an Flachbagger-Schneidwerkzeugen in Mittelsand und schwach bindigen sandigen Schluff unter besonderer Berücksichtigung der Planierschilde und ebenen Schürfkübelschneiden
Mitt. d. Inst. für Baumaschinen und Baubetrieb RWTH Aachen, Heft 16, 1958

7 Brach, J.
Über Probleme von Widerständen beim Schneiden von Böden
Wiss.Zeitschr. der TU Dresden 12 (1963) Heft 5

8 Dombrowski, N.
Leistungssteigerung der Löffelbagger
Verlag Technik Berlin 1953

9 Anochin, A.
Straßenbaumaschinen
Verlag Technik Berlin 1952

10 Balownew, V.
Analytische Berechnung der optimalen Parameter der Grabor- gane und Fragen der Automatisierung des Schneidprozesses von Böden mit Planierraupen und Schrappern
Wissenschaftl.Zeitschr. der TU Dresden 12 (1963) Heft 5

11 Mogami und Kubo
The behaviour of Soil during Vibration
Proc. IIIrd Ind.Conf. on Soil Mech. and Found. Eng. Zürich 1953 I

12 Sawtschenko, I.A.
Der Einfluß der Vibration auf die innere Reibung von Sanden
Übers. aus DINAMIKA GRUNDOW
Verlag Costroicistat, Moskau 1958
Dtsch.Ges.f. Erd- u. Grundbau e.V. Essen

13 Preobraschenki, N.A.
Sawtschenko, I.A.
Der Einfluß der Vibration auf den Scherwiderstand von Tonböden
Übers. aus DINAMIKA GRUNDOW
Verlag Costroicisdat Moskau 1958
Dtsch.Ges. f. Erd- und Grundbau e.V., Essen

14 Jurecka, W.
Das Bewegungsverhalten von Vibrationsmaschinen
Mitteilung des Inst.für Baumaschinen und Baubetrieb RWTH Aachen, Heft VII 1965

15 Selig, E. und Nelson, R.
Observations of Soil Cutting with Blades
Journal of Terramechanics Vol.1 No.3 1964

Nachwort

Dank der Förderung durch den Minister für Wissenschaft und Forschung des Landes Nordrhein-Westfalen wurde die Durchführung dieser Arbeit ermöglicht. Nachdem bereits in früheren Jahren am Institut für Baumaschinen und Baubetrieb der RWTH Aachen durch Förderung des gleichen Hauses eine Arbeit durchgeführt werden konnte, die sich mit dem Einfluß der Vibration an Planierschilden befaßte, konnte nunmehr die offen gebliebene Frage geklärt werden, ob die dabei gewonnenen allgemeinen und nunmehr erweiterten speziellen Erkenntnisse Aussicht auf praktische, wirtschaftliche Verwendung für Schürfkübelschneiden bieten.

Dank gebührt auch Herrn Dipl.-Ing. Lakmann, der sich der schwierigen Aufgabe annahm, durch methodische Arbeit bei der Messung und Auswertung erkennbare Zusammenhänge aus den komplexen Verknüpfungen herauszustellen.

GPSR Compliance

The European Union's (EU) General Product Safety Regulation (GPSR) is a set of rules that requires consumer products to be safe and our obligations to ensure this.

If you have any concerns about our products, you can contact us on ProductSafety@springernature.com

In case Publisher is established outside the EU, the EU authorized representative is:

Springer Nature Customer Service Center GmbH
Europaplatz 3
69115 Heidelberg, Germany

Batch number: 10577876

Printed by Printforce, the Netherlands